# 四川省生产建设项目水土保持遥感监管技术指导手册

陈曜　秦伟　许海超　游翔 等　编著

中国水利水电出版社
www.waterpub.com.cn
·北京·

## 内 容 提 要

本书对区域监管工作背景、政策依据、技术规范、操作流程、问题解答等进行了详细介绍，全书分为工作概述篇、政策规范篇和技术实践篇，共三大部分，包含14章。其中，工作概述篇介绍了生产建设项目水土保持遥感监管的工作背景、四川省相关基础条件、四川省监管工作概况与主要挑战等；政策规范篇梳理了近年来水利部和四川省印发的相关政策文件和技术规范；技术实践篇详细介绍了生产建设项目水土保持遥感监管工作的内业和外业工作流程、技术要求、软件操作等，并辅以附录总结了软件安装、现场复核和认定查处等相关的常见问题与解答。

本书可为省、市、县各级生产建设项目水土保持信息化区域监管工作从业人员提供指导和借鉴。

图书在版编目（CIP）数据

四川省生产建设项目水土保持遥感监管技术指导手册/陈曜等编著. -- 北京 : 中国水利水电出版社, 2022.6
ISBN 978-7-5226-0775-7

Ⅰ. ①四… Ⅱ. ①陈… Ⅲ. ①基本建设项目－水土保持－监测－四川－手册 Ⅳ. ①S157-62

中国版本图书馆CIP数据核字(2022)第106862号

审图号：GS（2022）2657 号

| | |
|---|---|
| 书　　名 | 四川省生产建设项目水土保持遥感监管技术指导手册<br>SICHUAN SHENG SHENGCHAN JIANSHE XIANGMU SHUITU BAOCHI YAOGAN JIANGUAN JISHU ZHIDAO SHOUCE |
| 作　　者 | 陈曜　秦伟　许海超　游翔　等　编著 |
| 出版发行 | 中国水利水电出版社<br>（北京市海淀区玉渊潭南路 1 号 D 座　100038）<br>网址：www. waterpub. com. cn<br>E-mail：sales@mwr. gov. cn<br>电话：（010）68545888（营销中心） |
| 经　　售 | 北京科水图书销售有限公司<br>电话：（010）68545874、63202643<br>全国各地新华书店和相关出版物销售网点 |
| 排　　版 | 中国水利水电出版社微机排版中心 |
| 印　　刷 | 天津嘉恒印务有限公司 |
| 规　　格 | 170mm×240mm　16 开本　12 印张　235 千字 |
| 版　　次 | 2022 年 6 月第 1 版　2022 年 6 月第 1 次印刷 |
| 印　　数 | 0001—1000 册 |
| 定　　价 | **85.00** 元 |

# 《四川省生产建设项目水土保持遥感监管技术指导手册》
# 编 著 委 员 会

**主　　编**　陈　曜　秦　伟

**副 主 编**　许海超　游　翔

**参编人员**　（按姓氏笔画排序）

丁　琳　王　璨　王丹丹　文海东　曲双锋

朱诗文　阳　帆　杨雅松　明龙仁　单志杰

赵　莹　姚　洋　殷　哲　郭　丰　郭乾坤

唐云逸　董　贺　焦　醒　鲁　婧　廖睿智

# 前言

党的十九大提出，建设生态文明是中华民族永续发展的千年大计。水土流失防治是生态文明建设的重要内容，是贯彻和践行“绿水青山就是金山银山”生态文明思想的必然要求和重要途径。伴随着经济社会的快速发展，生产建设项目规模持续扩大，人为水土流失防治压力不断增强，成为新时期水土保持生态建设的重要挑战。为此，近年来水利部持续加强生产建设项目水土流失监管，并全面推进信息技术手段应用，逐步实现全国范围的生产建设项目水土流失常态化与过程化监管，有效看住了人为水土流失新增与防治。

自2015年水利部启动生产建设项目“天地一体化”监管示范工作至今，总体形成覆盖全国、每年多次、部省联动的生产建设项目水土保持遥感监管工作机制与格局。四川省作为最早启动省级监管示范工作的省份之一，经过多年探索与积累，相关工作取得良好成效。但限于省域面积广阔、地形地貌复杂、少数民族聚集等因素，各市州、县区等开展生产建设项目水土保持遥感监管的工作基础尚参差不齐，许多少数民族和高寒高原地区的市县仍亟须加强业务培训、提升技术能力，以便加快促进全省水土保持监管工作进一步提质增效。为此，四川省水土保持生态环境监测总站、中国水利水电科学研究院组织专家，依据有关法律法规和技术标准，结合多年在川开展水土保持监测监管的相关工作经验，编写本技术指导手册，希望能为全省各级水行政主管部门的相关管理和技术人员更加规范、高效地开展生产建设项目水土保持遥感监管提供指导。

全书分为工作概述篇、政策规范篇和技术实践篇，共三大部分，包含14章。其中，工作概述篇介绍了生产建设项目水土保持遥感监管的工作背景、四川省相关基础条件、四川省监管工作概况与主要挑战等；政策规范篇梳理了近年来水利部和四川省印发的相关政策文件和技术规范；技术实践篇详细介绍了生产建设项目水土保持遥感监管工作的内业和外业工作流程、技术要求、软件操作等，并辅以附录总结了软件安装、现场复核和认定查处等相关的常见问题与解答。

本书以图文并茂的方式对区域监管工作背景、政策依据、技术规范、操作流程、问题解答等进行了详细介绍，可为四川省生产建设项目水土保持信息化区域监管工作提供指导，也可为其他区域监管工作提供借鉴和参考。

**编者**

2022 年 3 月

# 目　录

## 第3篇 技术实践篇

# 第 1 篇

# 工 作 概 述 篇

# 第1章 遥感监管工作背景

在我国工业化、城镇化快速发展过程中，大规模生产建设项目扰动地表、破坏植被，引发人为水土流失，是典型的现代人为加速侵蚀。根据相关统计，全国各级水行政主管部门审批的生产建设项目水土保持方案每年约 2.5 万～3 万件，水土流失防治责任范围累计高达 1.2 万～1.8 万 $km^2$，由此带来的人为水土流失潜在风险及其防治压力巨大。《中华人民共和国水土保持法》及地方水土保持条例（或实施办法）均明确规定，县级以上水行政主管部门负责对水土保持情况进行监督检查，开展生产建设项目水土保持监管是水行政主管部门的法定职责。

随着我国信息化技术，特别是 3S 技术等的快速发展，在充分发挥空、天、地信息技术优势基础上，进行生产建设项目水土保持“天地一体化”监管具备了技术可行性。首先，我国高分遥感技术和无人机航测技术等已较为成熟，能获取丰富的高分辨率卫星（高分一号、高分二号、高分三号、高分六号、资源三号等）影像和无人机遥感影像，将这些空间数据和地面监管结合起来，开展水土保持“天地一体化”监管，能有效实现信息共享，全面提高水土保持监管的时效性和准确性。其次，北斗定位技术等空间定位技术日趋成熟，可随时提供高精度、全覆盖的地理信息位置服务，结合移动互联网、便携手持终端等设备应用，能有效实现生产建设项目的快速定位，准确锁定违法违规行为的空间位置，确保监管的准确性和真实性。最后，随着 GIS 数据处理和分析能力提升，可以准确掌握生产建设项目防治责任范围、水土保持措施空间分布，结合影像采集的扰动图斑范围，利用空间分析技术，可快速开展生产建设项目合规性分析，有的放矢地指导现场核查和举证工作。目前，“天地一体化”监管已经在我国许多行业、部门得到广泛应用，如自然资源部门、生态环境部门和林业草原部门等均通过“天地一体化”监管，对基本农田保护、国土空间规划、建设用地审批、林草资源变化等进行了动态监管，并取得了良好效果，有效提高了监管水平。水土资源是人类赖以生存和发展的物质基础，水土保持是生态文明建设的重要内容。深化“放管服”改革，实现水土保持现代化，推进新时代水利改革发展，都对水土保持监管提出了新的、更高的要求。构建响应迅速的新型水土流失预防监督体系，提高行政管理水平和科学决策能力，是落实新时期生态文明建设理念和要求的迫切需要，也是新时代治水思路下水利改革发展的必然趋势。生产建设项目区域分散、点多面广、总体投资大、项目实施快、参与单位众多、信息沟通复杂、社会影响面广，监管任务繁重、难度大的问题越来越突出，需要基层单位在项目执行层面规范、有序管理，以及省级以上管理单位在决策层面的整体监控，现有监管方式和手段已难以完全适应保护优先和加强事中事后监管的要求，成为改革发展的短板和面临的现实问题。

四川省地处长江上游，是我国水土流失最严重的地区之一，近年来“一带一路”建设、长江经济带发展、新时代推进西部大开发形成新格局、黄河流域生态保护和高质量发展、成渝地区双城经济圈建设等国家战略深入实施，全省经济社会飞速发展，正成为引领我国西部发展的核心增长极。城镇化建设、公路铁路工程、水利电力工程、输变电工程等项目的建设规模日益扩大，极大改善了全省基础设施条件，促进了经济社会快速发展。但是，在施工建设和生产运行过程中，由于扰动原地表、破坏植被、弃土弃渣，极易造成水土流失，生产建设项目人为水土流失在全省水土流失总量中所占比例越来越大，对新时期水土保持和生态保护形成巨大挑战。从全省层面看，生产建设项目水土保持监管工作尚不能完全满足现实需要，主要体现在两个方面：一方面，生产建设项目数量多、分布分散、扰动期长，且扰动地表和水土保持措施处在不断变化之中，需要及时开展检查和监管工作，而监管工作的内容相对较多，包括实际扰动是否超出水土流失防治责任范围，取、弃土（渣）场等数量、位置和规模是否按照规划执行，水土保持措施是否落实到位等，这些都需要采用高效、可靠的技术手段提高监测能力和监管时效性。另一方面，各级水行政主管部门特别是水土保持管理机构的监管能力还有待提升，包括地方管理的技术人员和经费不足，以及监督和检查手段有待加强等。总体上，目前的监督检查多以文件、材料、报告、现场抽查和重点检查等方式进行，工作时效性不够，对生产建设项目现场情况掌握不够及时、准确，制约监管效果。为此，水土保持监管工作必须转变传统方式，充分运用卫星或航空遥感（Remote Sensing，RS）、GIS（Geographic Information System）、GPS（Global Positioning System）、移动通信、智能终端、无人机等先进技术手段，加快实现生产建设项目水土保持“天地一体化”监管，构建天地一体、上下协同、信息共享的联动机制，全面提升生产建设项目水土保持监管的科学性、针对性和时效性，为防治水土流失、促进生态文明建设提供强有力支撑。

# 第2章 四川省相关基础条件

## 2.1 区位位置

四川省位于中国西南腹地，介于东经97°21′～108°33′和北纬26°03′～34°19′之间，地处长江上游，国土面积48.6万$km^2$，仅次于新疆维吾尔自治区、西藏自治区、内蒙古自治区和青海省，为我国第五大省级行政区，东西长1075km，南北宽921km，北连陕西省、甘肃省、青海省，南接云南省、贵州省，东邻重庆市，西衔西藏自治区，是承接华南、华中，连接西南、西北，沟通中亚、南亚、东南亚的重要交汇点和交通走廊。

## 2.2 地形地貌

四川省位于中国大陆地势三大阶梯中的第一级和第二级，即青藏高原和长江中下游平原的过渡带，地形高低悬殊，总体呈西高东低。西部为高原、山地，海拔多在3000m以上；东部为盆地、丘陵，海拔多介于500～2000m之间；全省最高峰为西部大雪山的主峰贡嘎山，海拔7556m，最低处在东部邻水县幺滩镇御临河出境处，海拔186.8m，两者高差达7369.2m，地势高差之大仅次于新疆维吾尔自治区和西藏自治区，位居全国第三。省内地貌复杂，以山地为主，具有山地、丘陵、平原和高原4种地貌类型，分别占全省总面积的74.2%、10.3%、8.2%、7.3%。全省可分为四川盆地、川西高山高原区、川西北丘状高原山地区、川西南山地区、米仓山大巴山中山区五大地貌分区。山地主要分布于西南部的凉山彝族自治州和攀枝花市（地貌区划称为川西南山地）及四川盆地西部、北部和南部各市（称为盆周山地）；高原集中分布于川西北的甘孜藏族自治州和阿坝藏族羌族自治州（称为川西高原）；丘陵主要分布于四川盆地的内江、资阳、遂宁、南充、广安等市（称为盆中丘陵）。四川省地貌分布如图2.2-1所示。

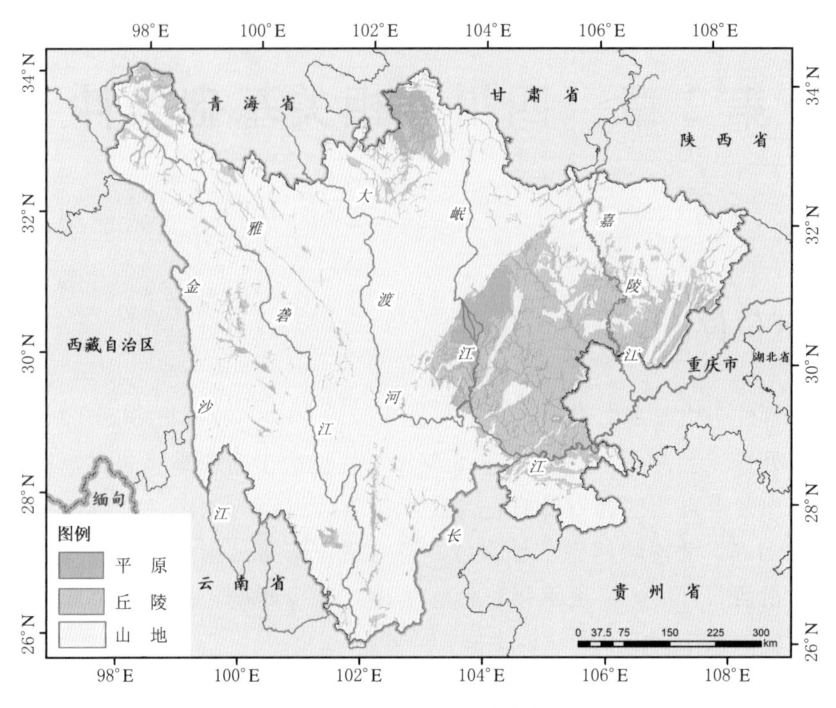


图 2.2-1 四川省地貌分布图

## 2.3 水系状况

四川省河流众多，以长江水系为主，长江流域面积达 46.7 万 $km^2$，约占全省总面积的 96.1%。黄河干流一小段流经四川西北部，为四川和青海两省交界，支流包括黑河和白河，黄河流域面积仅为 1.9 万 $km^2$，约占全省总面积的 3.9%。在长江水系中，重要支流有金沙江（包括雅砻江）、岷江（包括大渡河、青衣江）、沱江、嘉陵江（包括涪江、渠江）以及汉水上游等。受地形条件控制，省内水系以长江干线为轴线，呈南北向不对称的向心状结构。全省各级干、支流中，流域面积 100$km^2$ 以上的河流共 1240 条，流域面积 1000$km^2$ 以上的河流共 146 条，流域面积 10000$km^2$ 以上的河流共 19 条。省内水面面积大于 1$km^2$ 的湖泊有 47 个，其中，较大的有盐源县泸沽湖（72$km^2$）（川滇界湖，四川省内面积 48.5$km^2$）、西昌市邛海（26$km^2$）、雷波县马湖（7.3$km^2$）、若尔盖县哈丘湖（6$km^2$）、茂县叠溪海子（3.4$km^2$）及德格县新路海（3$km^2$）等。四川省水系流域分布如图 2.3-1 所示。

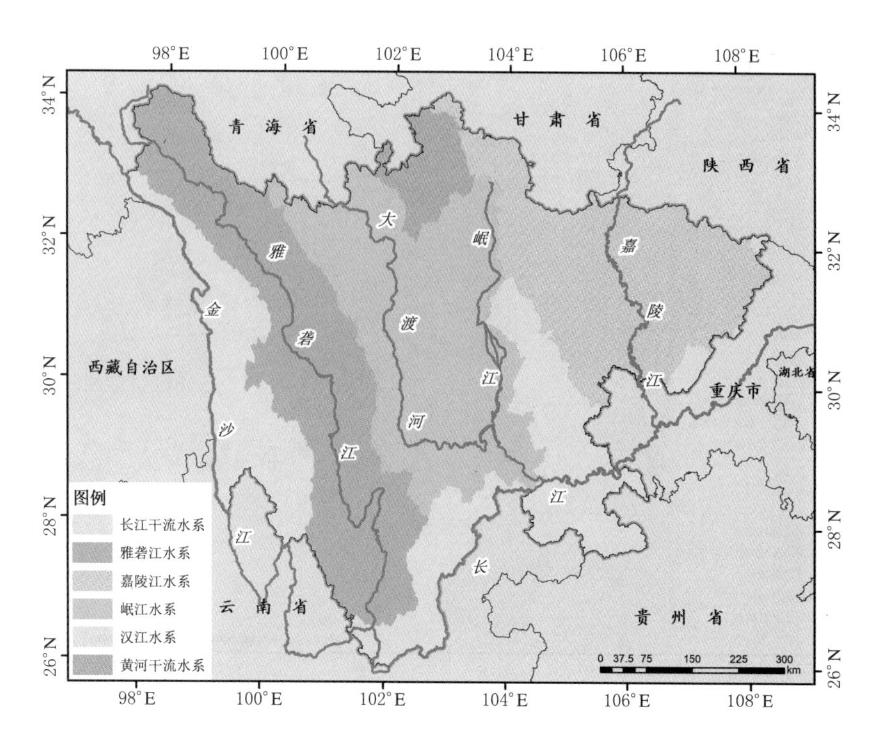


图 2.3-1　四川省水系流域分布图

## 2.4　土壤状况

四川省土壤类型丰富，共有25个土类63个亚类137个土属380个土种，土类和亚类数分别占全国总数的43.48%和32.60%。主要包括：赤红壤、红壤、黄壤、黄棕壤、黄褐土、棕壤、暗棕壤、褐土、紫色土、石灰岩土、新积土、风沙土、粗骨土、潮土、草甸土、山地草甸土、沼泽土、泥炭土、水稻土等土类。红壤主要分布在凉山彝族自治州、攀枝花市、雅安市、甘孜藏族自治州等地；黄壤主要分布在四川东部盆地及其四周的中低山区；黄棕壤主要分布在盆地山地、川西南山地；紫色土除阿坝藏族羌族自治州外都有分布；石灰岩土除遂宁市外均有分布。四川省1∶100万土壤类型分布如图2.4-1所示。

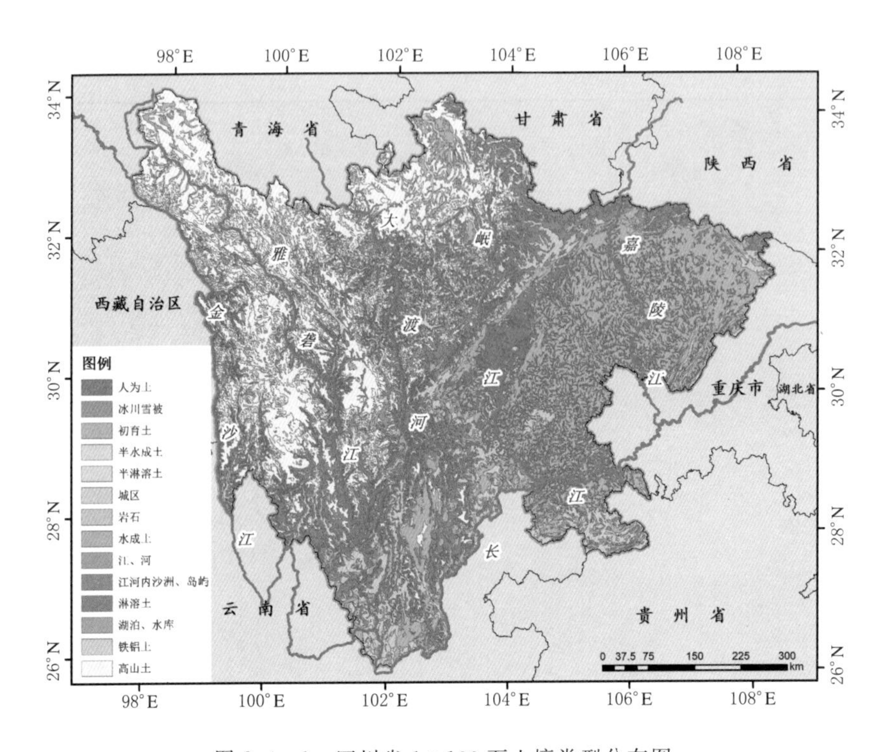


图 2.4-1 四川省 1∶100 万土壤类型分布图

## 2.5 气候条件

四川东部即四川盆地及周围山地属中亚热带湿润气候区，又兼有海洋性气候特征。该区全年温暖湿润，年均气温 16～18℃，日温不低于 10℃的持续期达 240～280d，年积温达到 4000～6000℃，气温日较差小，年较差大，冬暖夏热，无霜期 230～340d。盆地云量多、晴天少，2013 年日照时间较短，仅为 1000～1400h，比同纬度的长江流域下游地区少 600～800h；全省多年平均年降水量为 953mm（1981—2010 年），盆地地区年均降水量自四周向中部减少，盆中丘陵区普遍不足 1000mm，盆地周边在 1000mm 以上，西缘最多可达 1600mm 以上，川西南山地年降水量相对均匀，最多 1100mm 左右，金沙江河谷地带最少，为 700～800mm，川西北高原多介于 600～800mm 之间。

川西南山地亚热带半湿润气候区。该区 2013 年气温较高，年均气温 12～20℃，年较差小，日较差大，早寒午暖，四季不明显，但干湿季分明；降水量较少，2013年有7个月为旱季，年降水量900～1200mm，90%的降水量集中在5—10月；云量少，晴天多，日照时间长，年日照多为2000～2600h。其河谷地区受焚风影响形成典型的干热河谷气候，山地形成显著的立体气候。

川西北高山高原高寒气候区。该区海拔高差大，气候立体变化明显，从河谷到山脊依次出现亚热带、暖温带、中温带、寒温带、亚寒带、寒带和永冻带。总体上以寒温带气候为主，河谷干暖，山地冷湿，冬寒夏凉，水热不足，年均气温4～12℃，年降水量500～900mm。天气晴朗，日照充足，年日照1600～2600h。四川省1981—2010年多年平均降水量分布如图2.5-1所示。

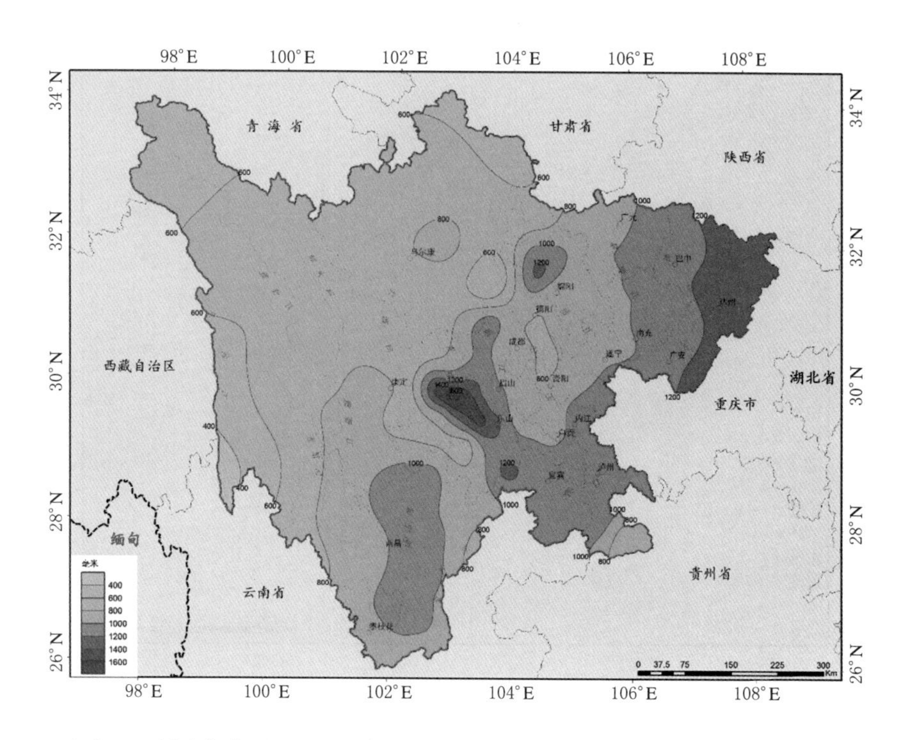


出自：四川省气象局，四川省气候综合图集［M］．北京：气象出版社，2016

图2.5-1　四川省1981—2010年多年平均降水量分布图

## 2.6　土地利用

据第二次全国土地调查数据，四川省农业用地面积占全省总面积的86.23%，建设用地、水域和未利用土地分别占3.57%、2.12%和8.07%。农业用地中，耕地占13.82%、园地占1.48%、林地占45.67%、牧草地占25.16%；建设用地中，城乡建设用地2.93%、交通用地0.64%。从各类土地利用的空间分布而言，林地和牧草地主要集中分布于盆周山地和西部高山高原；耕地主要集中分布于东部盆地和低山丘陵区，占全省耕地的85%以上；园地集中分布于盆地丘陵和西南山地，占全省园地的70%以上；建设用地和交通用地集中分布在经济较发达的平原区和丘陵区。四川省人口众多，山地高原占全省总面积的50%以上，适宜耕作的土地数量少，人均耕地资源就相对不足。四川省土地利用现状分布如图2.6-1所示。

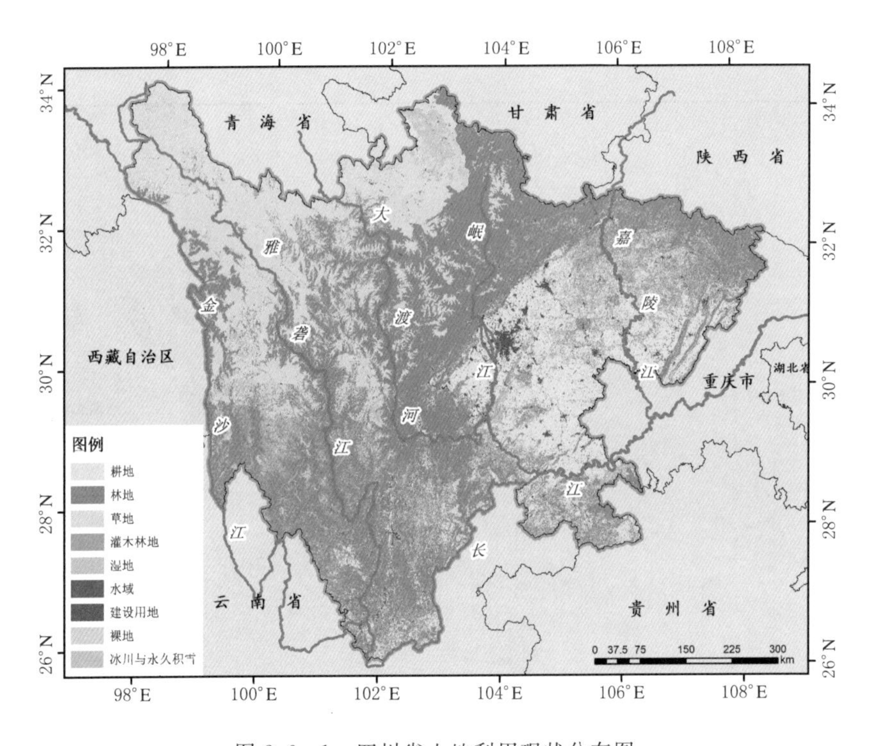


图2.6-1　四川省土地利用现状分布图

## 2.7　植被状况

四川省植被类型多样、种类丰富。全省有高等植物近万种，占全国总数的1/3，仅次于云南省，居全国第二位。针叶林类型数量为全国之首，面积和蓄积量分别占全国总量的9.1%和16.6%。主要植被类型为亚热带常绿阔叶林，主要有壳斗科、樟科、山茶科、木兰科等种类。全省植被从东南向西北可划分为四川盆地常绿阔叶林地带、川西高山峡谷亚高山针叶林地带和川西北高原高山灌丛、草甸地带，许多植被类型的地理分布范围广、垂直幅度大。四川省植被覆盖度分布如图 2.7-1 所示。

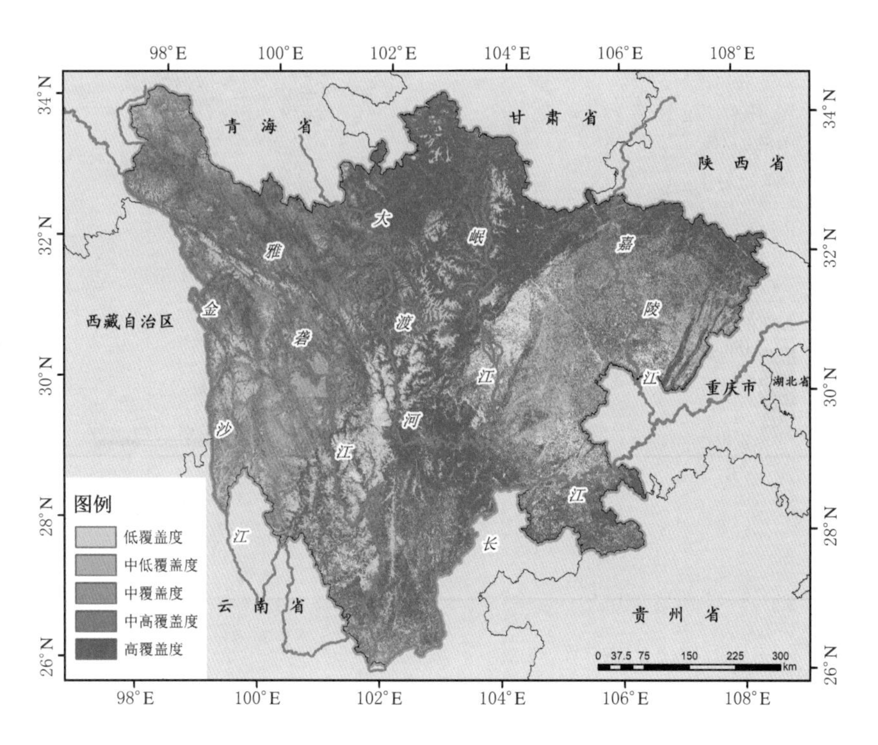


图 2.7-1　四川省植被覆盖度分布图

## 2.8　社会经济概况

截至 2019 年年末，四川省常住人口 8375 万人，其中，城镇人口 4504.9 万人，乡村人口 3870.1 万人，常住人口的城镇化率为 53.79%。四川省为多民族聚居地，分布有 56 个民族，汉族、彝族、藏族、羌族、苗族、土家族、傈僳族、纳西族、布依族、白族、壮族、傣族为省内世居民族。2019 年，四川省地区生产总值（GDP）46615.8 亿元，其中，第一产业 4807.2 亿元、第二产业 17365.3 亿元、第三产业 24443.3 亿元，人均地区生产总值 55774 元。四川省人口分布如图 2.8-1 所示，GDP 分布如图 2.8-2 所示。

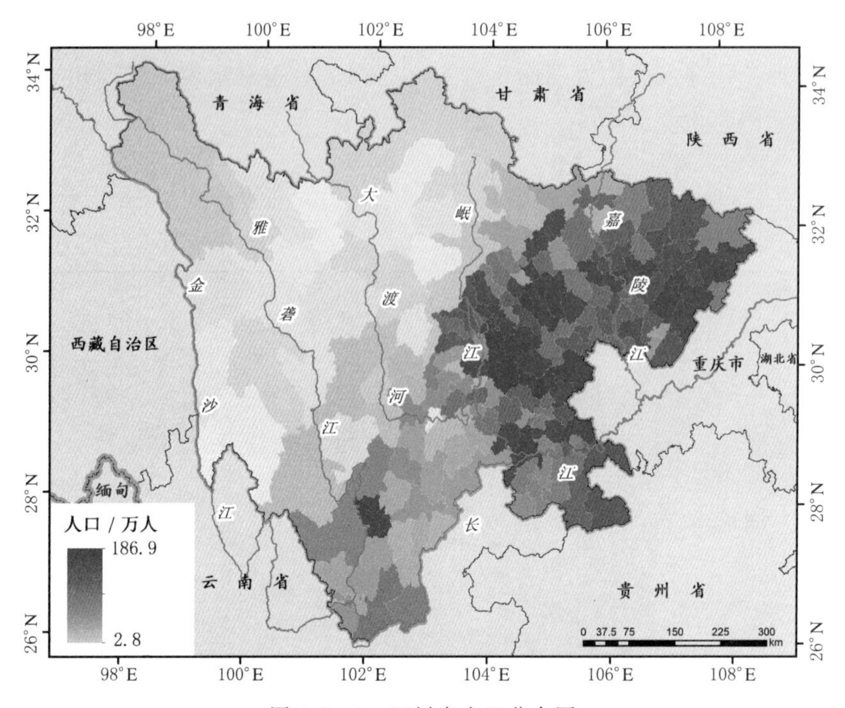


图 2.8-1　四川省人口分布图

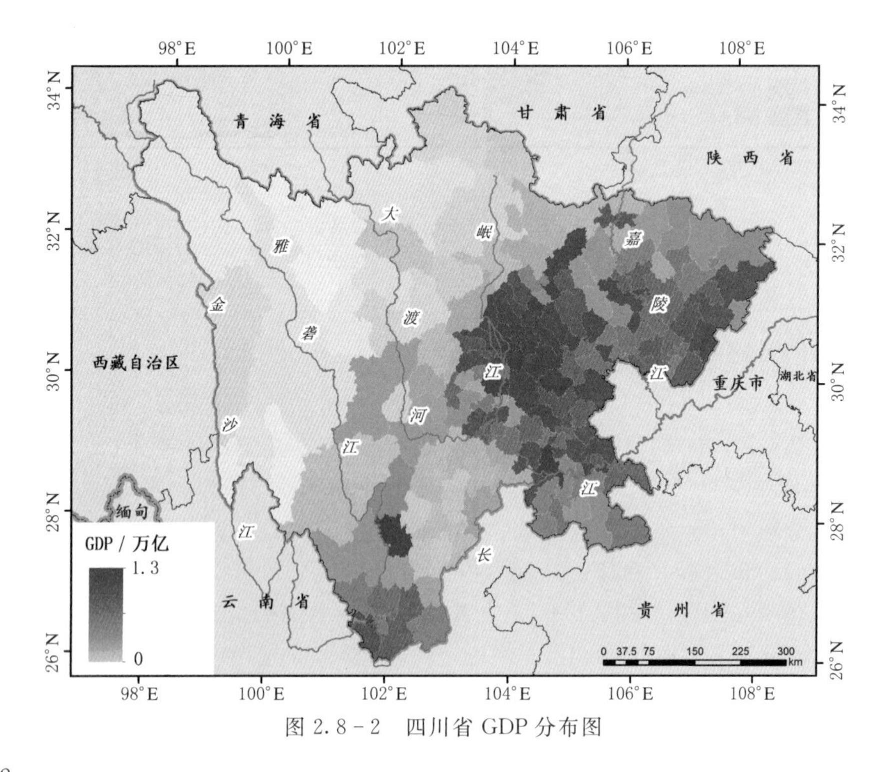


图 2.8-2　四川省 GDP 分布图

## 2.9 水土流失概况

四川省位于青藏高原东缘、长江流域上游，地势起伏，山地面积大，降水丰沛且强度大，是我国水土流失严重的省级行政区之一。全省水土流失主要为水力侵蚀和风力侵蚀。根据水利部区域水土流失动态监测，截至2020年，全省共有水土流失面积10.95万$km^2$（不含冻融侵蚀面积4.62万$km^2$），其中，水力侵蚀面积10.60万$km^2$、风力侵蚀0.35万$km^2$。水力侵蚀面积中，轻度7.49万$km^2$、中度1.55万$km^2$、强烈0.86万$km^2$、极强烈0.53万$km^2$、剧烈0.17万$km^2$；风力侵蚀几乎全部为轻度侵蚀。总体上，现存水土流失面积中，轻度、中度、强烈、极强烈、剧烈侵蚀，分别占71.65%、14.11%、7.81%、4.85%和1.58%。四川省2020年水土流失分布如图2.9-1所示。

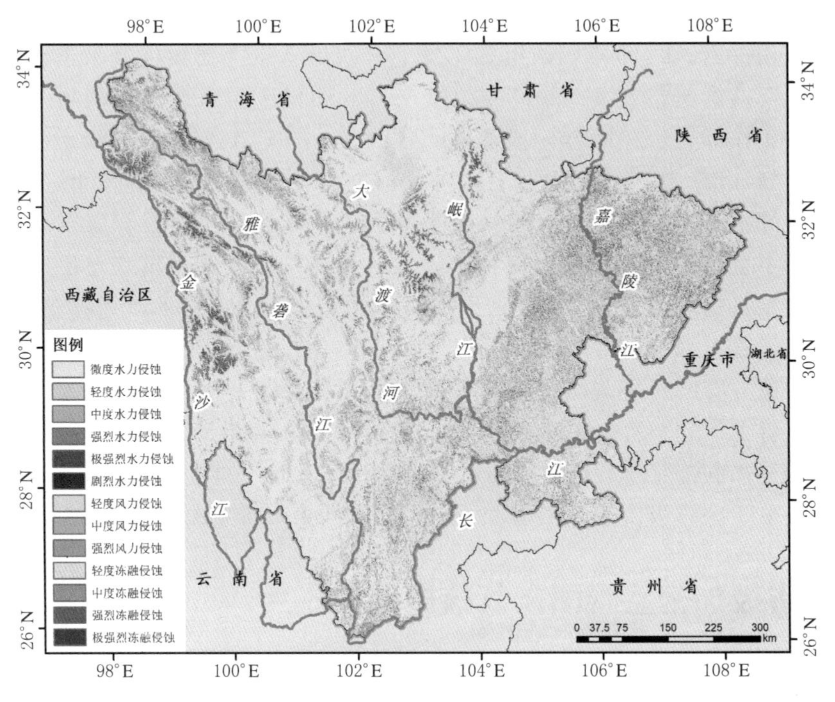


图2.9-1 四川省2020年水土流失分布图

# 第3章　四川省监管工作概述

## 3.1　区域监管工作概况

为积极适应生产建设项目水土保持监管工作的现实需要，充分利用并发挥新技术、新方法在监管工作中的重要作用，自2015年起四川省积极探索水土保持区域监管工作，选择宣汉县作为省级监管示范县，完成了“天地一体化”监管技术应用探索。2017年，四川省印发了《四川省生产建设项目水土保持“天地一体化”监管实施方案（2017—2018年）》，明确了全省生产建设项目监管技术方案和工作部署。2018年，成都市、眉山市、遂宁市和其他18个市（州）的示范县（江油市、富顺县、盐边县、泸县、中江县、苍溪县、隆昌市、蓬安县、屏山县、邻水县、大竹县、南江县、汉源县、雁江区、小金县、康定市、宁南县）开展了生产建设项目水土保持“天地一体化”监督管理试点，形成了一套生产建设项目扰动状况水土保持“天地一体化”监管业务技术流程和工作模式。2019年，全省全面启动了水土保持“天地一体化”监管工作，由水利部统一下发扰动图斑，省级开展现场复核和认定查处工作，第一次实现了全省“天地一体化”监管工作的全覆盖。2020年和2021年，四川省启动了四川省省级加密监管，分别在水利部年度生产建设项目水土保持“天地一体化”监管工作基础上，加密开展了1次省级监管，实现了生产建设项目扰动高频次监管和监督执法。

## 3.2　省级加密监管图斑复核概况

2020年四川省省级加密监管共下发扰动图斑8813个，下发扰动图斑面积4.89万$hm^2$，实际复核图斑9878个，实际复核图斑面积4.96万$hm^2$。复核图斑中，生产建设项目6538个，占比66%，生产建设项目图斑面积共3.8万$hm^2$；非生产建设项目图斑3340个，占比34%，非生产建设项目图斑面积1.16万$hm^2$（图3.2-1）。

2020年各市（州）实际复核图斑数量最多的三个市（州）中：成都市下发图斑2647个，实际复核图斑3377个，占全省复核图斑总数的34.19%；凉山彝

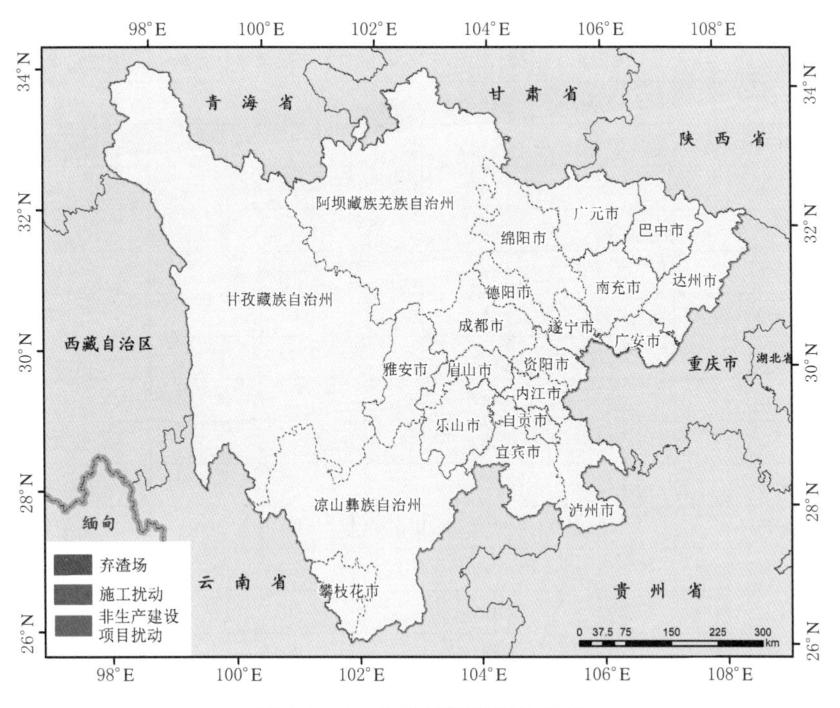


图 3.2-1　全省复核图斑分布图

族自治州下发图斑 703 个，实际复核图斑 755 个，占全省复核图斑总数的 7.64%；绵阳市下发图斑 608 个，实际复核图斑 636 个，占全省复核图斑总数的 6.44%。实际复核为生产建设项目扰动图斑数量最多的三个市（州）为：成都市复核生产建设项目扰动图斑 2154 个，占全省复核图斑总数的 32.93%；绵阳市复核生产建设项目扰动图斑 506 个，占全省复核图斑总数的 7.74%；凉山彝族自治州复核生产建设项目扰动图斑 478 个，占全省复核图斑总数的 7.31%。四川省各市（州）2020 年复核图斑情况统计见表 3.1。

**表 3.1　　四川省各市（州）2020 年复核图斑情况统计表**　　单位：个

| 市（州） | 下发图斑 | 已核查图斑 | 其中非生产建设项目扰动 | 生产建设项目扰动 |
|---|---|---|---|---|
| 成都市 | 2647 | 3377 | 1222 | 2155 |
| 自贡市 | 182 | 218 | 75 | 143 |
| 攀枝花市 | 173 | 179 | 62 | 117 |
| 泸州市 | 340 | 366 | 86 | 280 |
| 德阳市 | 266 | 269 | 88 | 181 |
| 绵阳市 | 608 | 636 | 130 | 506 |
| 广元市 | 223 | 225 | 74 | 151 |

续表

| 市（州） | 下发图斑 | 已核查图斑 | 其中非生产建设项目扰动 | 生产建设项目扰动 |
|---|---|---|---|---|
| 遂宁市 | 157 | 167 | 57 | 110 |
| 内江市 | 313 | 325 | 90 | 235 |
| 乐山市 | 276 | 288 | 72 | 216 |
| 南充市 | 283 | 304 | 114 | 190 |
| 眉山市 | 338 | 363 | 125 | 238 |
| 宜宾市 | 438 | 468 | 113 | 355 |
| 广安市 | 192 | 199 | 54 | 145 |
| 达州市 | 437 | 447 | 110 | 337 |
| 雅安市 | 211 | 229 | 103 | 126 |
| 巴中市 | 229 | 237 | 44 | 193 |
| 资阳市 | 139 | 152 | 27 | 125 |
| 阿坝藏族羌族自治州 | 266 | 275 | 153 | 122 |
| 甘孜藏族自治州 | 392 | 399 | 261 | 138 |
| 凉山彝族自治州 | 703 | 755 | 280 | 475 |
| 合计 | 8813 | 9878 | 3340 | 6538 |

全省183个区（县）中，实际复核图斑数量前三位为：成都市双流区，下发图斑546个，实际复核图斑数量749个；成都市简阳市，下发图斑329个，实际复核图斑数量433个；成都市郫都区，下发图斑209个，实际复核图斑数量213个。

## 3.3　省级加密监管认定查处概况

2020年四川省省级加密遥感监管共核查生产建设项目扰动图斑6538个，完成认定6538个，认定率100%，涉及项目4986个（图3.3-1）。其中，认定为合规的项目共2924个，合规项目占比58.7%，包括依法依规可不编报方案的项目220个、已报批方案且未超出批复面积的项目2389个、疑似超出防治责任范围但经核查实际未超出的项目315个；全省认定为违法违规项目2062个，违规项目占比41.3%，包括未批先建项目1925个、未批先弃项目23个、超出防治责任范围边界项目65个、建设地点变更项目3个、其他违规行为的项目46个。

2020年各市（州）实际认定生产建设项目数量最多的三个市（州）中：成都市认定2154个，占全省认定总数的32.93%；绵阳市认定506个，占全省认定总数的7.74%；凉山彝族自治州认定478个，占全省认定总数的7.31%。全

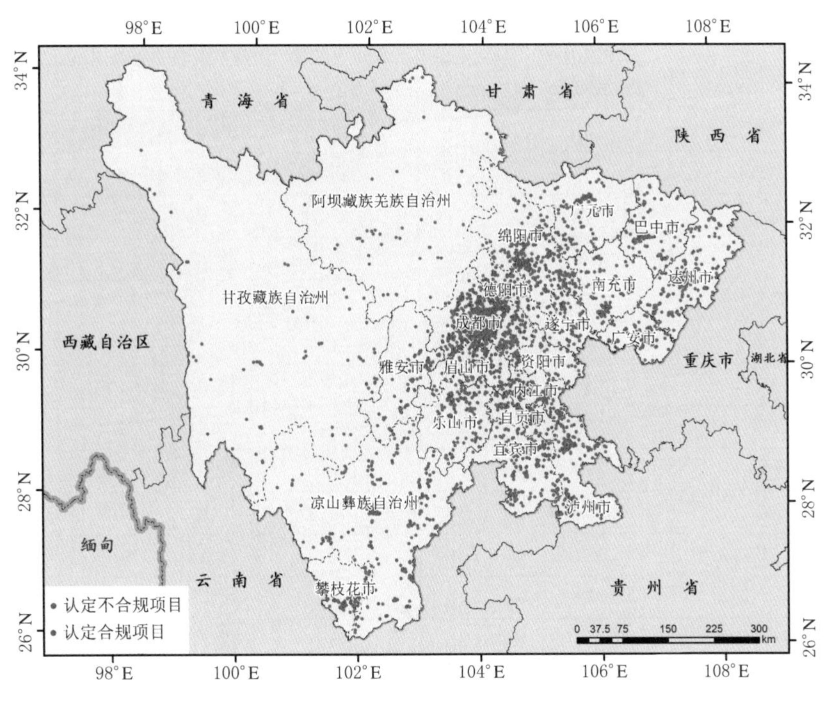


图 3.3-1 全省认定查处项目分布图

省认定违规项目数最多的三个市（州）为：成都市认定 536 个，占全省违规项目总数的 26.13%；绵阳市认定 252 个，占全省违规项目总数的 12.29%；凉山彝族自治州认定 144 个，占全省违规项目总数的 7.02%。违规项目占比最高的三个市（州）为绵阳市、德阳市、达州市，分别占全省认定总数的 49.80%、48.07%和 42.99%。四川省各市（州）认定查处项目情况统计见表 3.2。

**表 3.2　　四川省各市（州）认定查处项目情况统计表**

| 市（州） | 认定为生产建设项目数/个 | 认定率/% | 认定为违法违规项目数/个 | 违规项目占比/% | 查处进度/% | 完成整改项目数/个 |
|---|---|---|---|---|---|---|
| 成都市 | 2155 | 100 | 537 | 24.92 | 100 | 28 |
| 自贡市 | 143 | 100 | 49 | 34.27 | 100 | 0 |
| 攀枝花市 | 117 | 100 | 37 | 31.62 | 100 | 0 |
| 泸州市 | 280 | 100 | 79 | 28.21 | 100 | 8 |
| 德阳市 | 181 | 100 | 87 | 48.07 | 100 | 5 |
| 绵阳市 | 506 | 100 | 252 | 49.80 | 100 | 7 |
| 广元市 | 151 | 100 | 52 | 34.44 | 100 | 7 |
| 遂宁市 | 110 | 100 | 38 | 34.55 | 100 | 12 |

续表

| 市（州） | 认定为生产建设项目数/个 | 认定率/% | 认定为违法违规项目数/个 | 违规项目占比/% | 查处进度/% | 完成整改项目数/个 |
|---|---|---|---|---|---|---|
| 内江市 | 235 | 100 | 91 | 38.72 | 100 | 3 |
| 乐山市 | 216 | 100 | 55 | 25.46 | 100 | 12 |
| 南充市 | 190 | 100 | 67 | 35.26 | 100 | 0 |
| 眉山市 | 238 | 100 | 77 | 32.35 | 100 | 6 |
| 宜宾市 | 355 | 100 | 125 | 35.21 | 100 | 10 |
| 广安市 | 145 | 100 | 62 | 42.76 | 100 | 4 |
| 达州市 | 337 | 100 | 145 | 42.90 | 100 | 2 |
| 雅安市 | 126 | 100 | 41 | 32.54 | 100 | 7 |
| 巴中市 | 193 | 100 | 46 | 23.83 | 100 | 4 |
| 资阳市 | 125 | 100 | 30 | 24.00 | 100 | 19 |
| 阿坝藏族羌族自治州 | 122 | 100 | 14 | 11.48 | 100 | 0 |
| 甘孜藏族自治州 | 138 | 100 | 25 | 18.12 | 100 | 2 |
| 凉山彝族自治州 | 475 | 100 | 153 | 32.21 | 100 | 5 |
| 合计 | 6538 | 100 | 2062 | 31.53 | 100 | 141 |

全省183个区（县）中，实际认定生产建设项目数量前三位的为：成都市双流区、成都市简阳市、成都市郫都区，分别认定393个、139个和98个。违规项目数前三位的为：成都市双流区、绵阳市江油市、达州市达川区，分别认定违规项目81个、67个和50个。违规项目占比前三位的为：广安市岳池县，甘孜藏族自治州新龙县、得荣县，认定违规项目均占本区所认定生产项目总数的100%。

## 3.4 2019—2020年扰动图斑发现与复核数量变化

通过2019—2020年的全覆盖监测，四川省生产建设项目水土保持遥感监管工作取得了良好成效。从下发与复核图斑数量看（表3.3），全省2020年度发现扰动图斑共约1.6万个，实际核查图斑共约1.8万个，其中，认定为生产建设项目图斑的比例约60%，分别较2019年的发现与复核扰动图斑数量增加5.8%和5.6%。

从认定查处情况来看（表3.4），2020年认定生产建设项目9789个，其中违法违规项目3671个，违规项目比例37.5%。2019年认定生产建设项目4942个，其中违法违规项目1664个，违规项目比例33.7%。2020年开展省级加密监管后，认定的生产建设项目数量和违规项目数量均较明显增加，反映出开展省级加密监管的作用。

**表 3.3　四川省 2019—2020 年扰动图斑发现与复核数量统计表**　单位：个

| 年份 | 下发图斑 | 已核查图斑 | 非生产建设项目扰动 | 生产建设项目扰动 |
|---|---|---|---|---|
| 2019 | 16301 | 17943 | 6450 | 11493 |
| 2020 | 16987 | 18991 | 6863 | 12128 |

**表 3.4　四川省 2019—2020 年扰动图斑认定查处数量统计表**

| 年份 | 认定生产建设项目数量/个 | 认定违规项目数量/个 | 违规项目比例/% | 下发整改意见/个 |
|---|---|---|---|---|
| 2019 | 4942 | 1664 | 33.67 | 1634 |
| 2020 | 9789 | 3671 | 37.50 | 3671 |

## 3.5　四川省遥感监管工作挑战

1. 云雾干扰大，影像获取困难

遥感影像获取是区域生产建设项目遥感监管的基础。目前，我国卫星影像获取能力显著提升，但四川省地形起伏大，气象条件复杂，常年受云雪遮挡严重，是我国影像获取最困难的地区之一，要获取一版全省覆盖的可见光卫星影像，通常需要一整年时间跨度。以 2020 年为例，通过各种渠道收集了全省下半年（7—12 月）影像，但统计 7—12 月天气状况发现，南充市晴朗天气仅 8d，广元市晴朗天气仅 10d，龙门山和华蓥山一带，下半年云雾较多，影像局部存在云遮挡现象，且没有其他影像作为补充，造成全省存在 1.09 万 $km^2$ 的云遮挡区域，占全省总面积的 2.24%。影像局部存在云雾遮挡区域示意如图 3.5-1 所示，四川省 2020 年下半年影像云遮挡区域分布如图 3.5-2 所示。

已获取的遥感影像中，由于受到水汽、薄雾等影响，影像辨识度低，需通过大气校正等方法，去除云雾等干扰，提高影像可识别度（图 3.5-3）。部分受云雾直接遮挡无法处理的区域，还需使用其他时相的影像进行镶嵌替换（图 3.5-4）。云雾遮盖多、影像质量较差，成为制约四川省生产建设项目水土保持遥感监管工作中扰动图斑提取有效性和准确度的重要因素。

2. 生产建设项目多，区域分布不均衡

四川省经济社会发展以成都平原为中心。成都平原经济区的 8 个市占全省总面积的 17.8%，却承载 45.8%的人口，贡献经济总量的 60.6%。省会成都市，经济总量占全省 1/3 以上，人口总量将近全省人口的 1/4。四川省区域发展

图 3.5-1　影像局部存在云雾遮挡区域示意图（都江堰市）

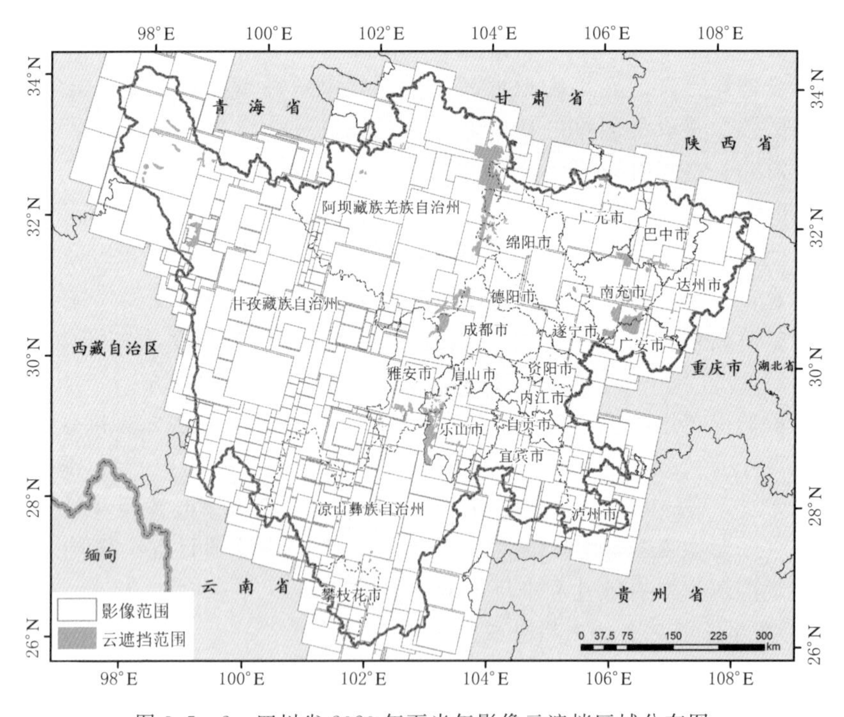


图 3.5-2　四川省 2020 年下半年影像云遮挡区域分布图

(a) 校正前

(b) 校正后

图 3.5-3 大气校正前后遥感影像对比图（简阳市）

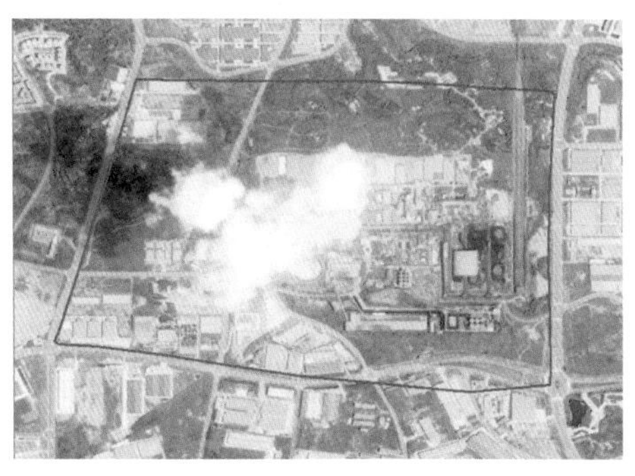
(a) 替换前

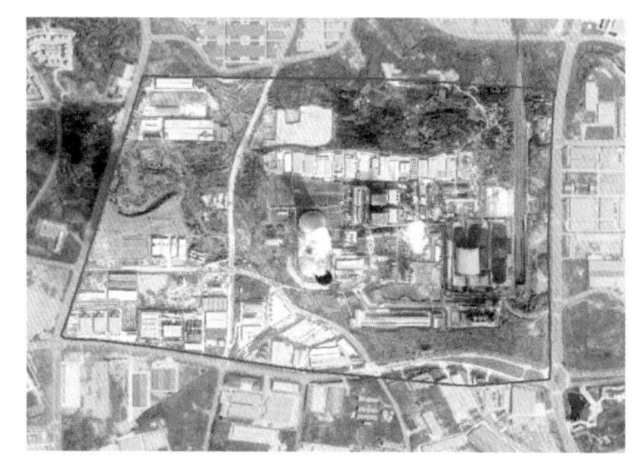
(b) 替换后

图 3.5-4 镶嵌替换前后遥感影像对比图（金堂县）

不平衡，导致生产建设项目扰动范围和强度空间分异明显。2020 年省级加密监管的下发扰动图斑显示，面积占全省总面积 2.95%的成都市，共下发扰动图斑 2647 个、总面积 125.61$km^2$，分别占全省下发总数和图斑总面积的 30.0%和 25.7%。相比之下，占全省总面积 60.3%的阿坝藏族羌族自治州、甘孜藏族自治州和凉山彝族自治州等三州地区，2020 年省级加密监管共下发扰动图斑 1361 个、总面积 62.42$km^2$，仅分别占全省下发总数和图斑总面积的 15.4%和 12.8%。四川省 2020 年省级加密监管扰动图斑空间分布如图 3.5-5 所示。

3. 项目扰动范围大，水土流失严重

由于地形起伏剧烈，监管难度大，很多地方依然存在粗放施工和水土流失防治不到位的问题，许多生产建设项目的扰动范围较大。以 2020 年省级加密监管发现的扰动图斑为例，面积大于 2$hm^2$ 的扰动图斑共 5584 个，占全省扰动图斑总数的 63.4%，占全省扰动图斑总面积的 91.6%。

表 3.5　　2020 年省级加密监管扰动图斑面积分级统计表

| 面积等级 | 图斑数量/个 | 面积/hm² | 数量占比/% | 面积占比/% |
|---|---|---|---|---|
| <1 | 789 | 590.71 | 8.95 | 1.21 |
| [1, 1.2) | 603 | 660.92 | 6.84 | 1.35 |
| [1.2, 1.5) | 804 | 1083.48 | 9.12 | 2.22 |
| [1.5, 2) | 1033 | 1786.18 | 11.72 | 3.65 |
| ≥2 | 5584 | 44772.69 | 63.36 | 91.57 |
| 合计 | 8813 | 48893.99 | — | — |

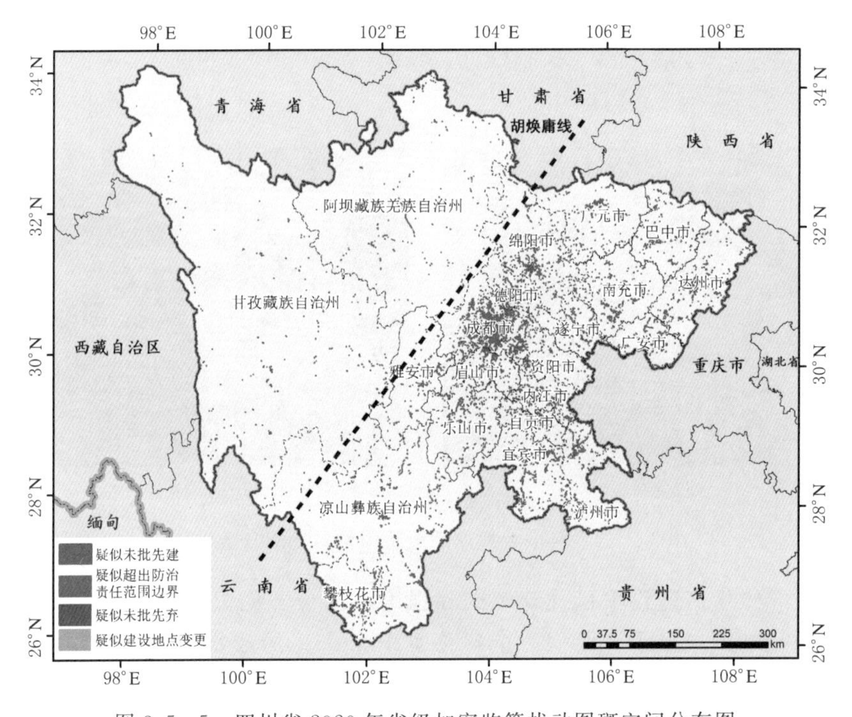


图 3.5-5　四川省 2020 年省级加密监管扰动图斑空间分布图

生产建设项目施工过程中的大规模挖填方和弃土弃渣等，不仅破坏原地貌和地表植被，也扰乱地表水系，从而破坏原有水土保持功能，造成较严重的人为新增水土流失。据地表观测资料，生产建设项目人为新增水土流失量为开发前的本底侵蚀水土流失量的 2～12 倍，是造成全省新增水土流失的重要原因之一。图 3.5-6 为生产建设项目造成的水土流失现场图。

4. 现场复核难度大，安全风险高

四川省位于我国自西向东三级阶梯中的一、二级阶梯过渡地带，地质条件复杂，境内分布多条断裂带，泥石流、崩塌滑坡等地质灾害频发，现场复核的

图 3.5-6 生产建设项目造成的水土流失现场图

工作条件艰苦、安全风险较高。虽然全省大部分生产建设项目均位于人口密度较高的城镇及其周边地区，但许多采矿、农林开发项目仍多分布于山区或人烟稀少地区，受地貌复杂、图斑破碎、交通条件有限等因素影响，现场复核工作存在交通差、成本高、耗时长等困难。此外，由于地质灾害导致的道路、桥梁中断等，以及冰雪雨雾等恶劣天气也会影响现场复核工作进度和效率。图 3.5-7 为现场复核困难的现场照片。

图 3.5-7　现场复核困难的现场照片

# 第2篇

# 政 策 规 范 篇

# 第4章　遥感监管相关法律法规与政策文件

## 4.1　法律法规

(1)《中华人民共和国水土保持法》。2010年12月25日由中华人民共和国主席令第39号公布，自2011年3月1日起施行，该法是中华人民共和国境内从事水土保持活动须遵循的基本法律规程。该法赋予了县级以上水行政主管部门对于生产建设项目监督执法与认定查处的权利和职责：

1）第四十三条规定：县级以上人民政府水行政主管部门负责对水土保持情况进行监督检查。流域管理机构在其管辖范围内可以行使国务院水行政主管部门的监督检查职权。

2）第五十六条规定：违反本法规定，开办生产建设项目或者从事其他生产建设活动造成水土流失，不进行治理的，由县级以上人民政府水行政主管部门责令限期治理；逾期仍不治理的，县级以上人民政府水行政主管部门可以指定有治理能力的单位代为治理，所需费用由违法行为人承担。

(2)《四川省〈中华人民共和国水土保持法〉实施办法》是根据《中华人民共和国水土保持法》及有关法律、法规要求，结合四川省实际制定的地方性法规，在四川省行政区域内从事水土保持及相关活动应当遵守《中华人民共和国水土保持法》和该实施办法。实施办法对县级以上水行政主管部门生产建设项目监督执法和查处权利和职责进行了明确：

1）第三十二条规定：县级以上地方人民政府水行政主管部门，负责对水土保持情况的监督检查。县级以上地方人民政府水行政主管部门对水土流失违法行为的举报应当及时调查核实和处理。

2）第三十三条规定：水行政监督检查人员依法履行监督检查职责时，有权采取下列措施：要求被检查单位或者个人提供有关文件、证照、资料；要求被检查单位或者个人就预防和治理水土流失的有关情况作出说明；进入现场进行调查、取证。被检查单位或者个人拒不停止违法行为，造成严重水土流失的，报经水行政主管部门批准，可以查封、扣押实施违法行为的工具及施工机械、设备等。

## 4.2 规划文件

### 4.2.1 国家级规划或工作方案

（1）《全国水土保持规划（2015—2030年）》。2015年12月15日，由水利部、国家发展改革委、财政部、国土资源部、环境保护部、农业部和国家林业局七部门联合印发，是新时期我国水土保持工作的发展蓝图和重要依据，是贯彻落实国家生态文明建设总体要求的行动指南。规划在总体方略、能力建设和制度建设中，明确了以强化监管为目标的信息化建设方向：

1）“总体方略”提出：建立健全综合监管体系，创新体制机制，强化水土保持动态监测与预警，提高信息化水平，建立和完善水土保持社会化服务体系。

2）“能力建设”提出：依托国家及水利行业信息网络资源，统筹现有水土保持基础信息资源，建成互联互通、资源共享的全国水土保持信息平台，推进预防监督的“天、地一体化”动态监控，综合治理“图斑”的精细化管理，监测工作的即时动态采集与分析，建成面向社会公众的信息服务体系。

3）“制度建设”提出：制定水土保持监察、督导、检查及处理等管理制度。

（2）《水利信息化发展“十三五”规划》。2016年5月31日，由水利部印发，该规划是全国水利发展“十三五”规划的重要的专项规划之一，是指导全国水利信息化发展的阶段性、纲领性文件，对加强水土保持信息化监管工作也提出了明确方向和思路：

1）“总体思路”提出：加强立体化监测、精细化管理、智能化决策和便捷化服务能力建设，推动“数字水利”向“智慧水利”转变，为水利改革发展提供全面服务和有力支撑，推进水治理体系和治理能力现代化。

2）“主要任务”提出：加强水土保持监测与管理。保护实现满足国家、流域机构、省（自治区、直辖市）、地（市）等不同级别监测机构、不同土壤侵蚀分区、不同观测设备的水土流失监测数据的采集、传输、存储、管理、分析、应用、发布一体化，初步实现对水土流失综合治理工程的“图斑”化精细管理，对生产建设项目的“天地一体化”动态监控和监管全覆盖，实现信息技术与水土保持业务深度融合，推进水土保持传统管理方式向信息化、精细化管理方式转变，为水土流失时空变化分析预测预报、水土保持生态建设、预防监督和科学研究提供理论依据和技术支撑。

3）“重点工程”提出：实施全国水土保持信息化工程，完善水土保持预防监督管理系统，在全国水土保持监测网络和信息系统建设的基础上，继续完善水土保持预防监督管理系统，进一步梳理生产建设项目水土保持方案审批、监理监测、监督检查、设施验收、规费征收等业务，加强各项业务间的衔接和统一，实施一体化管理思路，实现水土保持监督管理业务的网络化和信息化，进一步提高生产建设项目水土保持行政管理效率、动态监管能力和社会服务水平。加强对重点防治区、生态文明城市以及水土保持资质等信息化管理，进一步提升水土保持监督执法效率和能力。

(3)《全国水土保持信息化规划（2013—2020 年）》。2013 年 3 月 16 日，由水利部印发，明确了今后一个时期水土保持信息化建设目标、任务和重点：

1）“指导思想”提出：加强水土保持综合治理和预防监督的管理能力，提高水土保持科学研究成果水平，强化水土保持协同工作的效率和效能，为政府宏观决策和社会公共服务等提供科学数据和技术支撑，推进水土保持现代化，为国家生态文明建设和水土资源可持续利用服务。

2）“建设任务”提出：完善水土保持预防监督系统，以水土保持预防监督业务管理流程为核心，实现水土保持监督管理业务的网络化和信息化，全方位对生产建设项目建设期和运行期的水土保持工作进行科学管理。

3）“重点建设项目”提出：建设水土保持预防监督管理系统，在全国水土保持监测网络和信息系统建设的基础上，继续完善水土保持预防监督管理系统，进一步梳理生产建设项目水土保持方案审批、监理监测、监督检查、设施验收、规费征收等业务，加强各项业务间的衔接和统一，实施一体化管理思路，实现水土保持监督管理业务的网络化和信息化，进一步提高生产建设项目水土保持行政管理效率、动态监管能力和社会服务水平。加强对重点防治区、生态文明城市以及水土保持资质等信息化管理，进一步提升水土保持监督执法效率和能力。

(4)《全国水土保持信息化工作 2017—2018 年实施计划》。2017 年 3 月 8 日，由水利部印发，明确了开展生产建设项目“天地一体化”监管的目标和任务：

1）“实施目标”提出：部管和 1/4 以上省级行政区的在建生产建设项目实现“天地一体化”动态监管，国家水土保持重点工程全面纳入“图斑精细化”管理，全面提高水土保持监测评价效力，促进信息共享与服务，进一步提升水土保持信息化能力和水平。

2）“主要任务与进度要求”提出：开展区域生产建设项目水土保持“天地一体化”监管。两年内，北京、山东、河南、广东、广西、贵州、云南、陕西等 8 个省（自治区、直辖市）和晋陕蒙接壤地区实现生产建设项目“天地一体化”监管全覆盖。其他省（自治区、直辖市）至少在 2018 年在一个地市实现监管全覆盖。各流域机构要加强流域内“天地一体化”监管推广应用的检查督导。

### 4.2.2 四川省级规划或工作方案

（1）《四川省水土保持规划（2015—2030年）》。2015年12月22日，由四川省人民政府批复，是新时期四川省水土保持工作的发展蓝图和重要依据，对全省水土保持工作具有全局性、前瞻性指导作用。规划在总体方略、能力建设和制度建设中，明确了以强化监管为目标的信息化建设方向：

1）“指导思想”提出：加强预防和监督管理，注重综合治理，完善监测网络体系，维护和促进粮食安全、生态安全、防洪安全、供水安全，为全省水土资源可持续开发利用和经济社会可持续发展提供支撑。

2）“重点任务”提出：开展生产建设项目集中区水土保持监测，各级水行政主管部门应该加大监督管理力度，确保生产建设项目水土保持监测全部得到落实。考虑到在一些大中型生产建设项目集中区，由于扰动地表和破坏植被面积较大，挖填土石方量多，而且由于生产建设活动造成的水土流失对国民经济社会发展的影响大。因此，非常有必要选取生产建设项目集中、连片区域，开展生产建设项目水土保持监测试验示范，对全省生产建设项目水土保持监测起到示范带动作用。

（2）《四川省水土保持信息化2017—2018年工作方案》。2017年6月，由四川省水利厅印发，以进一步加强四川省水土保持信息化工作，全面推进水土保持数据信息的科学化管理、数字化存储、高效化运行和合理化应用，为推动四川省生产建设项目“天地一体化”动态监管形成示范效应并逐步推广应用明确了目标和实现途径：

1）“实施目标”中提出：按照水利信息化工作和全国水土保持信息化工作的总体部署，围绕水土保持核心业务，着力提升四川省水土保持信息化能力和水平。全面推进四川省水土保持监督管理信息系统的应用，实现四川省重点市（州）在建生产建设项目“天地一体化”动态监管，形成示范效应并逐步推广应用。进一步完善综合治理信息系统的应用，推进四川省的国家水土保持重点工程全面纳入“图斑精细化”管理，利用遥感、无人机等先进技术手段对重点工程实施精细化管理。全面部署监测评价系统，进一步提高水土保持监测评价效力，建立完善的水土流失动态监测数据系统并促进信息共享与服务。

2）“主要任务与进度要求”中提出：开展监督管理系统及生产建设项目“天地一体化”监管。自2017年6月起，由四川水利厅开展的省级生产建设项目水土保持方案审批、监督检查等管理工作全面应用水土保持监督管理系统。在2017年12月底前完成2016年以来批复的省级生产建设项目的防治责任范围矢量图的补录，完成对2015—2017年省级生产建设项目监督检查、补偿费征收等历史数据的补录，新审批的印发文件、关键数据等同步入库。同时，做好省政府行政权力运行平台的管理和数据录入工作；做好省级监管示范工作逐步推动各市（州）水行政主管部门安装和应用水土保持监督管理系统。2018年成都、眉山、遂宁三市应全面启动全市生产建设项目“天地一体化”监管工作，实现监管全覆盖。其余市（州）至少选1个县（市、区）试点开展生产建设项目“天地一体化”监管工作，有条件的市（州）应申请资金进一步扩大开展“天地一体化”监管工作并将数据信息实现共享。

## 4.3 政策文件

### 4.3.1 国家级政策文件

（1）《水利部办公厅关于进一步加强流域机构水土保持监督检查工作的通知》（办水保〔2016〕211号）。2016年11月17日，由水利部办公厅印发，要求进一步完善全国水土保持监督管理信息系统，大力提高水土保持信息化水平，明确流域机构要坚持应用全国水土保持监督管理信息系统及现场应用系统，及时入库有关管理文件和监督检查信息，尽快完善历年监督检查资料。积极推广卫星遥感、无人机巡查、视频监测等信息化技术应用，提高水土保持监督检查的效率和质量，有效支撑人为水土流失防治和监督执法工作。具备条件的，可以探索政府采购水土保持监督检查辅助性技术服务工作，进一步提高监督检查的技术水平。

（2）《水利部办公厅关于推进水土保持监管信息化应用工作的通知》（办水保〔2019〕198号）。2019年9月11日，由水利部办公厅印发，对全国采用遥感技术手段开展区域监管工作进行了明确部署：

1）明确要求开展省级卫星遥感监管：按省级行政区开展生产建设活动全覆盖卫星遥感监管。2020年，各省级水行政主管部门要组织开展至少1次覆盖全省的生产建设活动水土保持卫星遥感监管；2021年起，中西部地区、东北三省、北京市、天津市和河北省每年至少组织开展2次，其他省（自治区、直辖市）每年至少组织开展3次。省级水行政主管部门负责组织生产建设活动扰动图斑遥感影像解译，下发疑似违法违规图斑，组织第三方或市县级水行政主管部门对疑似违法违规图斑进行现场核查。对现场核查认定的“未批先建”“未验先投”“未批先弃”及施工过程中的其他违法违规行为，由地方水行政主管部门或相应的执法部门及时依法查处，确保卫星遥感监管发现的违法违规问题都得到处理。对严重违法的生产建设项目，省级水行政主管部门要挂牌督办；对农林开发等活动造成的水土流失问题，各地要结合实际加强监管。

2）明确要求开展国家级遥感监管：2020年，水利部组织开展一次覆盖全国的生产建设活动卫星遥感监管；2021年起，在全国随机确定范围组织开展4次卫星遥感监管，省级水行政主管部门按照水利部下发的疑似违法违规图斑组织现场核查，并对认定的违法违规问题依法查处。通过建立上下协同、分工负责、信息共享的工作机制，实现对生产建设活动常态化、全过程的有效监管。

（3）《水利部关于进一步深化“放管服”改革全面加强水土保持监管的意见》（水保〔2019〕160号）。2019年5月31日，水利部印发，对深化“放管服”改革，加强水土保持监督管理做了明确要求：

1）明确要求加强生产建设活动监管：地方各级人民政府及其水行政主管部门应当依法加强对生产建设活动的水土保持监管。地方人民政府要依法划定并公告禁止开垦的陡坡地范围、崩塌滑坡危险区泥石流易发区，水土流失重点预防区和水土流失重点治理区等范围，明确限制或者禁止活动的区域。地方水行政主管部门要制作并向社会发放生产建设活动水土保持义务告知书和简易指南，提高生产建设活动主体的水土保持意识，督促依法履行水土流失防治责任和义务。各地要结合实际积极探索对农林开发活动水土保持监管的有效方式，防止大规模农林开发产生的水土流失。

2）明确要求严肃查处违法违规行为：水行政主管部门或者地方人民政府确定的其他水土保持执法部门（以下简称水土保持执法部门）必须切实履行查处违法案件的法定职责。按照属地管理、重心下移的原则，水土保持行政执法主要由市县两级负责，省级水行政主管部门主要负责辖区内重大案件查处、跨区域执法的组织协调和监督指导。要规范执法、文明执法，防止简单粗暴执法。要加强行政执法与刑事司法的衔接，依法惩治水土流失犯罪行为。对限制、干扰、阻碍水土保持执法的党政领导干部，应当依法依规追究其责任。

3）明确要求提升监管能力和技术水平：各地要以组织实施水土保持遥感监管为契机，切实提升水土保持监管能力和手段，及时精准发现、严格认定和严肃查处水土保持违法违规行为。近期，以长江经济带等地区为重点，组织开展水土保持监督执法专项行动，对存在“未批先建”“未验先投”“未批先弃”等违法违规的行为要严肃查处。对违反规定陡坡开垦、取土挖砂采石等可能造成水土流失的活动要依法处罚。

（4）《水利部办公厅关于开展2019年生产建设项目水土保持遥感监管工作的通知》（水保函〔2019〕756号）。2019年6月24日，由水利部办公厅印发，明确正式启动实施生产建设项目水土保持监管遥感解译与判别项目：

1）确定了项目目标：依托遥感和信息技术，实现生产建设项目监管全覆盖，发现“未批先建”“未批先弃”等违法违规生产建设项目，及时查处水土保持违法违规行为，管住人为水土流失。

2）明确了主要任务和要求：一是明确现场复核时间要求。根据总体进度安排，水利部于2019年7月底前分省（自治区、直辖市）下发疑似违法违规扰动图斑，各省级水行政主管部门应于2019年9月底前完成现场复核工作。现场复核统一使用专用App，按要求采集扰动图斑信息及拍摄现场照片，及时上传水利部。同时，配合水利部委托的技术服务单位做好较大扰动图斑的现场复核工作。二是确定违法违规项目清单。水利部根据被委托技术服务单位提交的较大扰动图斑现场复核结果，确定违法违规项目（大中型）清单并下发各省（自治区、直辖市）。各省级水行政主管部门根据省级负责的现场复核结果，确定违法违规项目清单。三是开展违法项目查处。各省级水行政主管部门应针对违法违规项目情况，制定分类分情况处理方案，于2019年11月底前组织市县对各违法违规项目进行查处，并将查处情况报水利部和上传水土保持信息管理系统。水利部和各省级水行政主管部门对严重违法违规案件进行挂牌督办。四是开展督查。各省级水行政主管部门应当加强对市县查处工作的指导和督查，确保发现的违法违规项目切实得到处理。水利部对各省扰动图斑复核和违法违规项目查处工作进行督查。现场复核成果抽样审核合格率低于90%的省（自治区、直辖市），要重新开展现场复核。五是全面总结。各省级水行政主管部门应及时总结现场复核和违法违规项目调查处理情况，并于2019年12月底前将现场复核和调查处理情况书面报送水利部水土保持司。

3）强调了项目重要性：开展生产建设项目水土保持遥感监管是贯彻落实新时期水利改革发展总基调的重要举措，是推动各级水行政主管部门全面依法履职，实现生产建设项目监管全覆盖的重要手段。各地要高度重视，精心组织，落实必要的人员和经费，确保各项工作落实到位。水利部将遥感监管工作情况纳入全国水土保持规划实施情况考核评估，对现场复核和调查处理工作进度滞后的省（自治区、直辖市）进行督促约谈，对严重滞后的进行通报批评。对不及时查处违法违规项目或者存在其他未依法履职行为的水行政主管部门，依法依规追究相关人员的责任。

（5）《水利部办公厅关于开展2020年生产建设项目水土保持遥感监管工作的通知》（办水保函〔2020〕487号）。2020年7月6日，由水利部办公厅印发，对2020年度生产建设项目水土保持遥感监管工作进行了全面部署：

1）明确了对象和范围：2020年度生产建设项目水土保持遥感监管工作覆盖全国范围内（不含港澳台地区），监管对象为基于2020年上半年卫星遥感影像在解译发现的疑似存在“未批先建”“未批先弃”“超防治责任范围扰动”等水土保持违法违规行为的生产建设项目。

2）明确了主要任务：2020年主要任务和要求包括：一是开展遥感解译。水利部统一组织技术服务单位完成遥感解译工作，并于8月上旬前通过专门App将分省分县现场核查工作底图下发各省级水行政主管部门。二是开展现场核查和取证。水利部负责新疆、西藏两自治区较大扰动图斑现场核查，其他扰动图斑现场核查工作由省级水行政主管部门组织完成。各省级水行政主管部门应当根据当地实际，积极将扰动图斑现场核查与监管取证一并进行，提高现场工作效率和质量。新疆、西藏两自治区水行政主管部门要配合水利部委托的技术服务单位做好较大扰动图斑的现场核查工作。三是开展违法违规项目查处。地方各级水行政主管部门根据现场核查和取证情况，对违法违规项目采取限期整改、责任追究、行政处罚、信用惩戒等处理措施，并于10月31日前将违法违规项目清单及查处情况报水利部及上传至全国水土保持信息管理系统。四是进行挂牌督办，水利部和各省级水行政主管部门要挂牌督办一批典型违法违规案件。水利部挂牌督办案件由省级水行政主管部门从各地严重违法违规典型案件中选取1～3个，并于11月30日前报部。各省级水行政主管部门挂牌督办案件不得少于3个。五是进行全面总结，各省级水行政主管部门应全面总结2020年度生产建设项目水土保持遥感监管工作完成情况，于2021年1月底前报送水利部水土保持司。

3）提出了工作要求：各省级水行政主管部门要高度重视，精心组织，落实必要的人员和经费，确保遥感监管各项工作落实到位。要加强对市县工作的指导和督促，确保违法违规项目“发现一起”“查处一起”“销号一起”。水利部将组织流域管理机构对各省（自治区、直辖市）工作进行抽查，就进展情况开展定期调度，并对现场核查和查处工作滞后的省（自治区、直辖市）按规定进行约谈或者通报批评。

（6）《水利部办公厅关于印发2021年水土保持工作要点的通知》（办水保〔2021〕77号）。2021年3月25日，由水利部办公厅印发，对持续强化水土保持监督管理，科学推进水土流失综合治理，扎实做好水土保持监测评价等工作提出了新要求：

1）实施人为水土流失卫星遥感监管：水利部开展重点区域人为水土流失遥感监管，组织省级水行政主管部门进行现场核查处理。各省级水行政主管部门要按照生产建设项目水土保持监管信息化应用的有关要求，开展覆盖全省的卫星遥感监管，依法依规查处生产建设项目违法违规行为。

2）规范生产建设项目监督管理：地方各级水行政主管部门要开展生产建设项目水土保持方案清理，建立完善生产建设项目管理台账；制定年度检查计划，重点对在建水利、公路等项目进行现场检查；督促完建未验收的生产建设项目尽快开展水土保持设施自主验收，加大水土保持设施验收核查力度。

3）依法查处水土保持违法违规行为：流域管理机构和地方各级水行政主管部门要健全监管与执法联动机制，依法依规对违法违规行为进行责任追究、信用惩戒和执法查处，对重大违法违规项目挂牌督办，并建立完善监管发现问题台账，逐一对账销号。水利部组织部直属单位对地方水土保持违法违规问题查处及整改情况开展抽查。

### 4.3.2 四川省政策文件

（1）《四川省水利厅关于做好2019年生产建设项目水土保持遥感监管工作的通知》。2019年7月22日，由四川省水利厅印发，对四川省2019年生产建设项目水土保持遥感监管工作进行了部署：

1）明确了工作目标：依托遥感和信息技术实现生产建设项目监管全覆盖发现“未批先建”“未批先弃”等违法违规生产建设项目及时查处水土保持违法违规行为管住人为水土流失。

2）明确了主要任务：一是开展现场复核，各市（州）水利（水务）局于2019年9月底前组织完成现场复核工作现场复核，复核统一使用专用App，按要求采集扰动图斑信息及拍摄现场照片并及时上传水利部，同时配合水利部委托的技术服务单位做好较大扰动图斑的现场复核工作。二是确定违法违规项目清单，根据水利部下发的违法违规项目（大中型）清单和各市（州）负责的现场复核结果，确定违法违规项目清单，并明确查处主体和督办主体。三是进行违法项目查处，对各违法违规项目进行查处，将查处情况上传至水土保持信息管理系统，对严重违法违规案件进行挂牌督办。四是开展督查，加强对扰动图斑复核和违法违规项目查处工作的指导和督查，确保发现的违法违规项目切实得到处理，对现场复核成果抽样审核合格率低于90%的市（州）要重新开展现场复核。五是全面总结项目工作，及时总结现场复核和违法违规项目调查处理情况，于12月中旬将现场复核和调查处理情况书面报送省水利厅。六是加密遥感频次，要求各市（州）按照水利部办公厅印发的《2019年水土保持工作要点》和全国水土保持工作会精神各市（州）应在12月底前结合实际加密一次遥感解译并完成现场复核工作。

3）明确了工作要求：开展生产建设项目水土保持遥感监管是推动各级水行政主管部门全面依法履职、实现生产建设项目监管全覆盖的重要手段，这项工作将纳入国家对省政府2019年水土保持规划评估考核，同时也列入省政府对市（州）政府的水土保持工作目标考核，须各地高度重视，精心组织，主动向地方政府汇报落实必要的人员和经费，确保工作落实到位，经费预算可参考《四川省生产建设项目水土保持“天地一体化”监管实施方案（2017—2018年）》进行编制。

（2）《关于做好2020年生产建设项目水土保持遥感监管工作的通知》2020年9月11日，由四川省水利厅水土保持处印发，对四川省2020年生产建设项目水土保持遥感监管工作进行了部署：

1）疑似扰动图斑获取：2020年度下发疑似扰动图斑包括“未批先建”“未批先弃”和“超防治责任范围”三类，图斑均由部水保监测中心通过专用软件分发至相应市县复核人员申请账户中。

2）现场核查认定：各市（州）水行政主管部门要全面开展本辖区内疑似扰动图斑的现场核查认定工作，形成本市县区认定的违规违法项目清单。对不认定为违法项目的疑似扰动图斑，要逐一说明理由，并提供相应的佐证材料，并上报系统。核查过程中发现存在上述三类违法违规情形外的其他违法违规行为，也应一并认定。

3）违法违规项目查处：对现场核查认定的违法违规项目，要针对其违法违规情形，依法依规分类及时采取处理措施。各市（州）违法违规项目认定及处理情况，经市（州）水行政主管部门审核，并签字盖章后，于2020年10月15日前报送省水利厅水土保持处。

4）督促整改落实：对认定的违法违规项目，要以县为单元建立台账，实行对账销号，逐项明确整改要求和时限，督促生产建设单位限期完成整改，对预期未完成整改的，依法查处并进行责任追究，形成闭环管理。

5）做好数据管理：在疑似扰动图斑的核查认定、督促整改及查处过程中产生的必要数据，按要求及时录入，确保数据完整、准确。

6）现场核查要点：一是生产建设项目扰动界定原则：应在政府发展和改革部门或其他依法依规具有审批权限的部门审批立项（包括审批、核准或备案）的项目属于生产建设项目；二是非生产建设项目扰动界定原则：无需在政府部门办理立项审批手续的生产建设活动或有关自然因素造成的扰动；三是扰动图斑面积超红线面积比例不低于30%时判定为超出防治责任范围；四是所有图斑都要进行现场核查拍照，对核查视频不做具体要求；五是所有生产建设项目扰动图斑都要进行标志复核，以补充丰富解译标志库，为智能解译提供样本。

7）省级遥感加密：按照相关工作安排，本年度将开展一次省级加密遥感监管工作，请各市（州）积极做好配合。有相关复核、查处及整改工作要求与国家相关要求相同，具体工作安排另行通知。

8）总体工作要求：各市（州）水行政主管部门要高度重视、加强组织领导、采取有效措施、扎实开展疑似扰动图斑现场核查认定、查处和督促整改工作。同时，此项工作将纳入国家对四川省政府实施全国水土保持规划情况的五年考核，列入省政府对市（州）政府的水土保持目标责任制考核，请各地主动积极向政府汇报，落实必要的人员保障和工作经费，确保工作落实到位。省水利厅水土保持处将以认定的违法违规项目清单为基准，定期通报各市（州）工作进展，落实市（州）水行政主管部门总责任制，随机抽查，对发现存在“该查不查”“该认不认”，以及弄虚作假、工作组织不力的，依据有关规定进行责任追究。

（3）《关于开展四川省2020年生产建设项目水土保持遥感监管工作的通知》2021年1月26日，由四川省水利厅水土保持处印发，对全省2020年生产建设项目水土保持遥感监管省级加密监管工作进行了部署：

1）对象和范围：基于2020年7—11月高分卫星遥感影像，在全省范围内解译发现的疑似存在"未批先建""未批先弃"和"超防治责任范围扰动"等水土保持违法违规行为的生产建设项目。

2）主要任务和要求：一是遥感解译，四川省水主保持生态环境监测总站（简称"总站"）统一组织技术服务单位完成全省遥感解译工作，并在近期通过区域监管App软件，将全省183县现场核查工作底图下发至各县（市、区）。二是开展现场核查，总站负责全省现场核查的技术指导和甘孩州、阿坝州扰动图斑现场核查工作，每个市州将安排1～2名技术人员负责技术答疑和现场指导。除甘孜藏族自治州、阿坝藏族羌族自治州外其余扰动图斑的现场核查工作由各市（州）组织完成。现场核查工作于2021年1月底开始，各市（州）、县（市、区）要积极配合总站做好现场核查工作。

3）违法违规项目查处：各级水行政主管部门根据现场核查和取证情况，对违法违规项目采取限期整改、责任追究、行政处罚、信用惩戒等处理措施，并于2021年4月20日前将违法违规项目清单及查处情况上传至全国水土保持信息化监管系统。

4）全面总结：各地要高度重视，精心组织，落实必要的人员和经费，确保遥感监管各项工作落实到位；确保违法违规项目发现一起，查处一起，整改一起，销号一起。厅水保处将对各市、州工作开展情况进行抽查和定期调度，并对现场核查和查处工作滞后的市、州按规定进行约谈或通报批评。

## 4.4 技术规范

（1）《生产建设项目扰动状况水土保持"天地一体化"监管技术规定》。2016年12月，由水利部水土保持监测中心联合珠江水利委员会珠江水利科学研究院联合编制印发，包括总则、术语及定义、监管对象指标及技术路线、前期准备、遥感监管、成果总结与审核入库、附件等7章，完整覆盖了"天地一体化"监管工作各项工序环节。主要技术内容规定如下：

1）监管对象：生产建设项目扰动状况水土保持"天地一体化"监管对象为生产建设项目及其扰动地块，生产建设项目主要分为公路、铁路、涉水交通、机场等36类。

2）监管指标：生产建设项目扰动状况水土保持"天地一体化"监管的主要

指标包括：扰动地块边界、扰动地块面积、扰动变化类型、扰动图斑类型、扰动合规性、建设状态共6个指标。

3）技术路线：生产建设项目扰动状况水土保持“天地一体化”监管包含前期准备、遥感监管、成果整编等阶段，技术路线如图4.4-1所示。

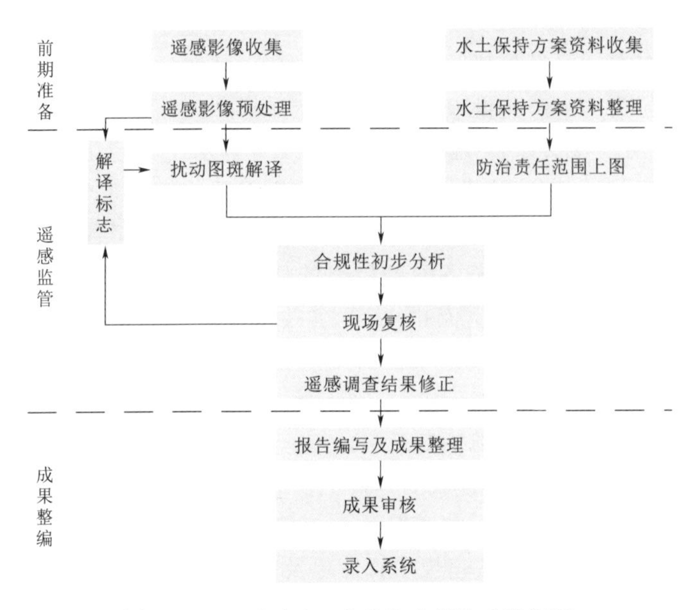


图4.4-1 “天地一体化”监管技术流程图

4）前期准备：前期准备工作主要为遥感影像收集和水土保持方案资料收集整理2项工作。

5）遥感监管：遥感监管主要包括遥感影像处理、防治责任范围上图、解译标志建立、扰动图斑遥感解译、扰动图斑动态更新、合规性初步分析、现场复核、成果修正共8项工作内容。

6）成果总结与审核入库：成果整编主要包括编写总结报告和成果整理工作，审核与入库主要包括项目总体质量评价和录入系统工作。

7）规定附件：提供了生产建设项目分类表、镶嵌线矢量图属性表结构、防治责任范围矢量图属性表、生产建设项目解译标志、扰动图斑矢量图属性表结构、生产建设项目现场复核信息表、总结报告参考提纲等7项附件。

（2）《生产建设项目水土保持信息化监管技术规定（试行）》。2018年1月25日，由水利部印发，统一了全国生产建设项目水土保持信息化监管工作模式、内容指标和技术流程：

1）监管对象和监管模式：明确生产建设项目水土保持信息化监管工作监管对象为区域监管和项目监管，对应了区域监管和项目监管两种监管模式。区域监管是针对某一区域开展的生产建设项目水土保持信息化监管工作；项目监管是针对某个具体项目开展的生产建设项目水土保持信息化监管工作。

2）监管内容与指标：生产建设项目水土保持信息化区域监管和项目监管的共性内容与指标包括：扰动地块边界、扰动地块面积、扰动地块类型、扰动变化类型、建设状态、扰动合规性共6项指标。生产建设项目水土保持信息化项目监管还包括：水土保持方案变更情况、表土剥离、保存和利用情况、取（弃）土场选址及防护情况、水土保持措施落实情况、历次检查整改落实情况6项指标。

3）监管技术路线：区域监管包括资料准备、遥感监管、成果整编与审核评价三部分。首先开展资料准备，包括收集、整理区域内各级水行政主管部门审批水土保持方案的生产建设项目资料，收集、处理覆盖区域范围的遥感影像；结合遥感解译标志，开展生产建设项目扰动图斑遥感解译；通过解译结果和防治责任范围的空间叠加分析初步判断扰动合规性；利用移动采集系统开展现场复核，根据复核结果对遥感监管成果进行修正；最后开展报告编写、成果整理与审核以及录入系统等工作，具体技术路线如图4.4－2所示。

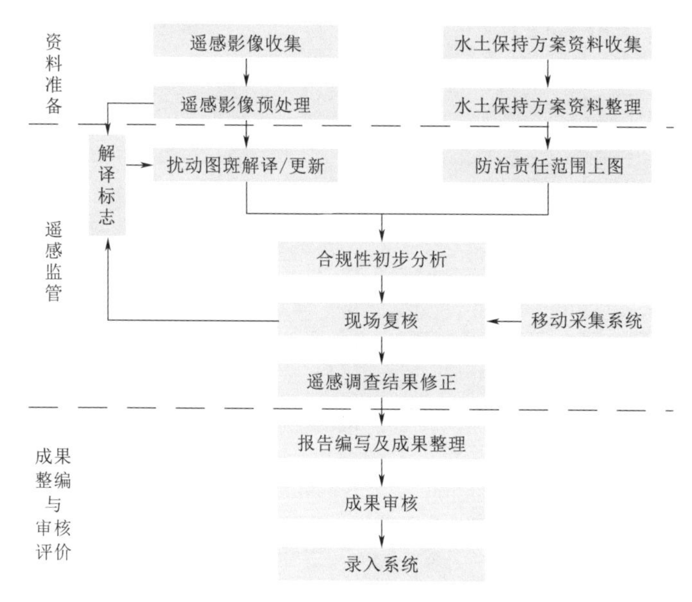


图4.4－2　区域监管技术路线图

项目监管包括资料准备、遥感监管、监管信息现场采集、成果整编与审核评价四部分。资料准备包括本级审批的生产建设项目水土保持方案、设计资料等整理，并对防治责任范围图、水土保持措施布局图、水土流失防治分区图等图件资料进行空间矢量化；遥感监管分为高频次遥感普查和高精度遥感详查，分别进行影像资料收集、处理工作，基于遥感影像开展扰动范围图斑、水土保持措施图斑等解译工作，再对解译成果和设计资料进行空间分析，初步判断项目水土保持合规性；利用无人机和移动采集系统开展监管信息采集，并对遥感监管成果进行复核，以便综合分析项目合规性；开展成果整理分析、审核以及录入系统等工作，具体技术路线如图 4.4-3 所示。

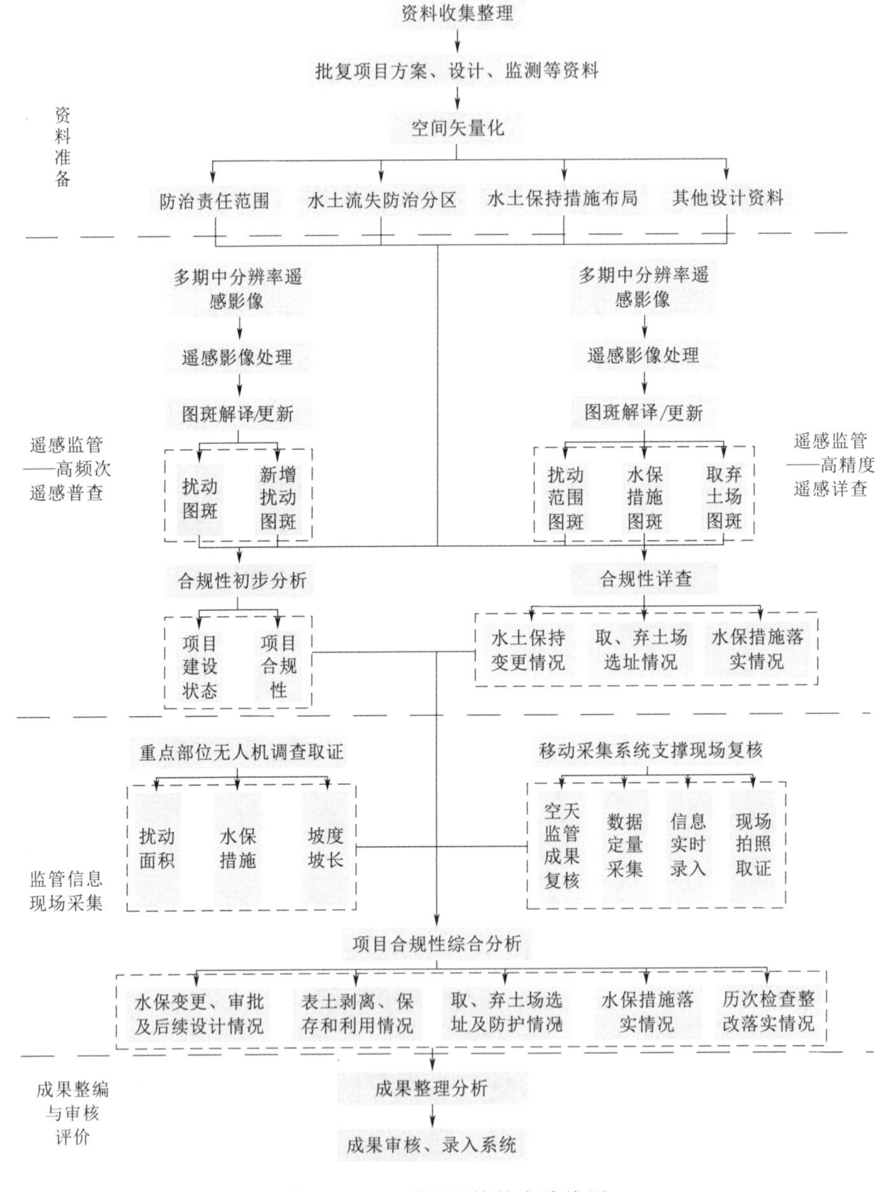


图 4.4-3 项目监管技术路线图

4）规定附件：附件包括生产建设项目分类表、防治责任范围矢量图属性表结构、水土保持措施布局矢量图属性表结构、水土流失防治分区矢量图属性表结构、镶嵌线矢量图属性表结构、生产建设项目类型解译标志、生产建设项目水土保持措施解译标志、区域监管扰动图斑矢量图属性表结构、项目监管扰动范围斑矢量图属性表结构、项目监管水土保持措施图斑矢量图属性表结构、区域监管生产建设项目现场复核信息表、项目监管生产建设项目现场复核信息表、总结报告参考提纲、生产建设项目水土保持信息化区域监管总结报告、生产建设项目水土保持信息化项目监管总结报告、水土保持监督管理信息移动采集系统介绍等 11 个附录文件。

（3）《四川省生产建设项目水土保持“天地一体化”监管实施方案（2017—2018 年）》。2017 年 10 月 10 日，由四川省水土保持局印发，从工作目标、技术路线、实施方案、经费计划等方面对四川省 2017—2018 年生产建设项目扰动状况水土保持“天地一体化”监管工作进行了全面部署：

1）工作目标。明确四川省生产建设项目扰动状况水土保持“天地一体化”监管工作目标为：按照水利部的统一安排和部署，通过在部分市、县区开展生产建设项目监管，形成一套生产建设项目扰动状况水土保持“天地一体化”监管业务技术流程，建立一种协同一致的生产建设项目扰动状况水土保持监管业务工作模式，建成支撑有效、信息功效、监管有力的生产建设项目监管信息化体系，促进现代空间技术、信息技术与生产建设项目水土保持监管业务的深度融合，推进全省生产建设项目水土保持监督管理信息化和现代化。

2）监管对象。四川省监管工作的监管对象同全国技术规定保持一致，为各类生产建设项目及其扰动地块，生产建设项目包括公路、铁路、涉水交通、机场等 36 类。明确扰动地块是指生产建设活动中各类挖损、占压、堆弃等行为造成地表覆盖情况发生明显变化的土地。结合四川省可见光卫星影像获取困难的实际情况，规定遥感调查对象为面积大于 $0.1hm^2$ 的生产建设扰动地块，即 2m 分辨率遥感影像上对应 250 个像元范围，现场复核对象为面积大于 $1hm^2$ 的生产建设扰动地块，而国家规定原则上 2m 分辨率遥感影像上扰动图斑最小面积为 $0.04hm^2$，无论面积大小均应开展现场复核。

3）监管指标。生产建设项目扰动状况水土保持“天地一体化”监管的主要指标包括：扰动地块边界、扰动地块面积、扰动变化类型、扰动图斑类型、扰动合规性、建设状态共 6 个指标。

4）技术路线。生产建设项目监管工作由省级、市（州）级和县级水行政主管部门协同有关技术支撑单位共同完成，主要有三个环节的工作：①资料收集，包括各级生产建设项目水土保持方案、防治责任范围图、特性文件等；②遥感解译，包括影像收集与预处理、解译标志建立、防治责任范围上图与扰动图斑解译等；③成果审核，包括现场复核与合规性分析、成果入库总结等（图4.4-4）。

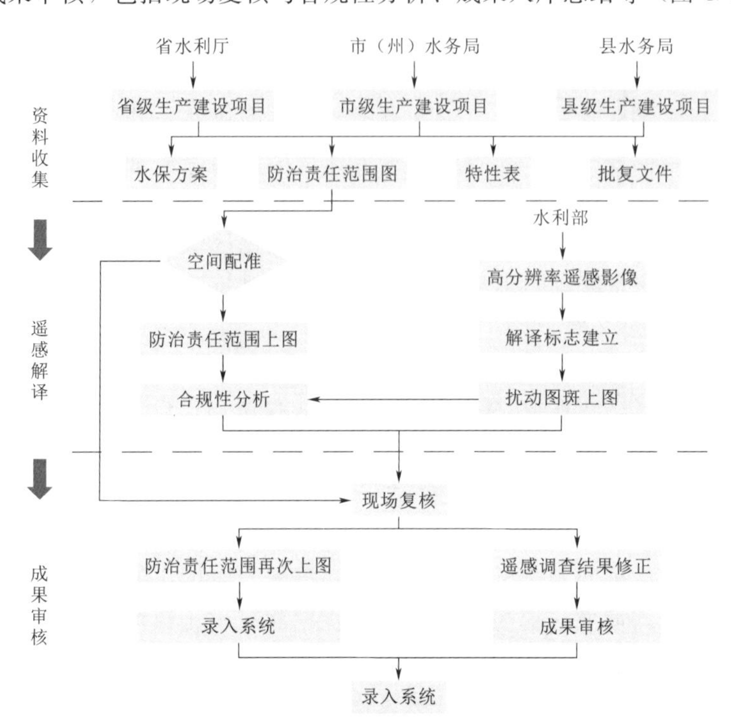


图4.4-4　四川省水土保持“天地一体化”监管技术流程图

5）组织实施。选择成都市（共19区县）、眉山市（共6区县）、遂宁市（共5区县）及其余18市州各选一个监管示范县于2018年开展第一阶段的生产建设项目监管工作，成都、眉山、遂宁三市及各市的示范县中生产建设项目多、集中连片，人为扰动频繁、剧烈且扰动持续时间较长，具有良好的典型性和代表性。省水土保持局负责指导全省监管工作，成都、眉山、遂宁三市由市水行政主管部门牵头组织实施，有关县、区水行政主管部门协调配合。其余18市州的监管示范县由县级水行政主管部门负责组织实施，有关市州水行政主管部门协调配合。

6）成果应用。基于生产建设项目监管示范成果，规定各级水土保持管理机构可以开展以下两个方面的成果应用：一是所有水保项目资料信息均录入全国水土保持监督管理系统V3.0中，可以按照项目类型、批复机构、扰动类型、扰动变化类型、扰动合规性、行政区划等进行生产建设项目和扰动图斑的空间和属性信息查询、统计和分析，快速掌握生产建设项目及其扰动状况，为生产建设项目水土保持监督检查和相关研究工作提供基础数据。二是各级水土保持管理机构可根据监管示范成果列出项目验收清单，包含未批先建、超出防治责任范围和建设地点变更的违规生产建设项目的详细信息，并且详细列出每个项目各时期的影像和现场照片，以便进行后续监督检查和执法，督促未批先建、超出防治责任范围和建设地点变更的违规生产建设项目按照有关规定及时整改，并可以将监督检查和整改落实情况即时上传至全国水土保持监督管理系统，实现各级水行政主管部门生产建设项目水土保持监督检查与整改落实信息的交换与共享。

7）项目总结。要求省、市、县三水保部门分别对生产建设项目监管示范工作进行总结，主要总结内容包括生产建设项目监管工作开展情况、示范成果与成功经验、示范工作存在的问题与建议等。

# 第5章 监管对象及指标

## 5.1 监管对象

根据水利部水土保持监测中心《生产建设项目扰动状况水土保持“天地一体化”监管技术规定》，区域监管是针对某一区域开展的生产建设项目水土保持信息化监管工作。通过水土流失防治责任范围图矢量化实现已批生产建设项目位置和范围的空间化管理，利用遥感影像开展区域内生产建设项目扰动状况遥感监管，掌握区域生产建设项目空间分布、建设状态和整体扰动状况，为水行政主管部门开展监管工作提供依据。区域监管对象是生产建设项目及其扰动地块，生产建设项目包括公路、铁路、涉水交通、机场等36类工程（表5.1），扰动地块是指生产建设活动中各类挖损、占压、堆弃等行为造成地表覆盖情况发生明显变化的土地。

**表5.1　区域监管项目类型汇总表**

| 序号 | 生产建设项目类型 | 序号 | 生产建设项目类型 |
|---|---|---|---|
| 1 | 公路工程 | 14 | 蓄滞洪区工程 |
| 2 | 铁路工程 | 15 | 其他小型水利工程 |
| 3 | 涉水交通工程 | 16 | 水电枢纽工程 |
| 4 | 机场工程 | 17 | 露天煤矿 |
| 5 | 火电工程 | 18 | 露天金属矿 |
| 6 | 核电工程 | 19 | 露天非金属矿 |
| 7 | 风电工程 | 20 | 井采煤矿 |
| 8 | 输变电工程 | 21 | 井采金属矿 |
| 9 | 其他电力工程 | 22 | 井采非金属矿 |
| 10 | 水利枢纽工程 | 23 | 油气开采工程 |
| 11 | 灌区工程 | 24 | 油气管道工程 |
| 12 | 引调水工程 | 25 | 油气储存与加工工程 |
| 13 | 堤防工程 | 26 | 工业园区工程 |

续表

| 序号 | 生产建设项目类型 | 序号 | 生产建设项目类型 |
|---|---|---|---|
| 27 | 城市轨道交通工程 | 32 | 农业开发工程 |
| 28 | 城市管网工程 | 33 | 加工制造类项目 |
| 29 | 房地产工程 | 34 | 社会事业类项目 |
| 30 | 其他城建工程 | 35 | 信息产业类项目 |
| 31 | 林浆纸一体化工程 | 36 | 其他行业项目 |

(1) 公路工程。公路工程包括高速公路、国道、省道、县道、乡村道路等。主要位于城镇建成区外部，以主体呈狭长状几何形态为主要特征，未完工的项目可见明显开挖、施工痕迹，部分完工的项目可见路面、路基、边坡、绿化带等纹理特征。图 5.1-1 为典型公路工程现场照片和影像截图。

(a) 现场照片

(b) 影像截图

图 5.1-1　典型公路工程现场照片和影像截图

(2) 铁路工程。铁路工程包括单线、复线（改扩建）工程和城际高速铁路等。与公路工程影像特征相似，主要位于城镇建成区外部，以主体呈狭长状几何形态为主要特征，未完工的项目可见明显开挖、施工痕迹，部分完工的项目可见轨道、路基、桥墩、输电线、边坡、绿化带等纹理特征。图 5.1-2 为典型铁路工程现场照片和影像截图。

(3) 涉水交通工程。涉水交通工程包括各类港口、码头（包括专业装卸货码头)、跨江（河）大桥与隧道、堤防等工程。主要位于河岸、库岸地区，以沿河岸、库岸或跨水面走向为主要特征，未完工的项目可见明显开挖、施工痕迹，部分完工的项目可见硬化地表、塔吊、地基等纹理特征。图 5.1-3 为典型涉水交通工程现场照片和影像截图。

(4) 机场工程。机场工程包括大型民用机场、支线机场、军民共用机场等。

（a）现场照片

（b）影像截图

图 5.1－2　典型铁路工程现场照片和影像截图

（a）现场照片

（b）影像截图

图 5.1－3　典型涉水交通工程现场照片和影像截图

以占地规模较大，有明显跑道等设施为主要特征，未完工的项目可见明显开挖、施工痕迹，部分完工的项目可见跑道、停机坪、航站楼、硬化地表、塔吊、地基等纹理特征。图 5.1－4 为典型机场工程现场照片和影像截图。

（a）现场照片

（b）影像截图

图 5.1－4　典型机场工程现场照片和影像截图

(5) 火电工程。火电工程指利用煤、石油、天然气或其他燃料的化学能来生产电能的工程，如燃煤发电厂、燃油发电厂、燃气发电厂及利用余热、余压、城市垃圾、工业废料、煤矸石（石煤、油母页岩）、煤泥、生物质、农林废弃物、煤层气、沼气、高炉煤气等生产电力热力的工程。主要位于城镇周边，以存在高耸的大型圆形蒸发塔为主要特征，未完工的项目可见明显开挖、施工痕迹，部分完工的项目可见基坑、施工地、圆形蒸发塔等纹理特征。图 5.1-5 为典型火电工程现场照片和影像截图。

(a) 现场照片

(b) 影像截图

图 5.1-5 典型火电工程现场照片和影像截图

(6) 核电工程。核电工程指利用核能产生电能的新型发电站工程，四川省无核电工程。图 5.1-6 为典型核电工程现场照片和影像截图。

(a) 现场照片

(b) 影像截图

图 5.1-6 典型核电工程现场照片和影像截图

(7) 风电工程。风电工程指将风能转换成电能并通过输电线路送入电网的工程。主要位于人口稀少的山区，以零散沿山脊线分布为主要特征，施工场地有明显的道路相连接，未完工的项目可见明显开挖、施工痕迹，部分完工的项目可见基坑、施工地、道路、开挖边坡等纹理特征。图 5.1－7 为典型风电工程现场照片和影像截图。

（a）现场照片

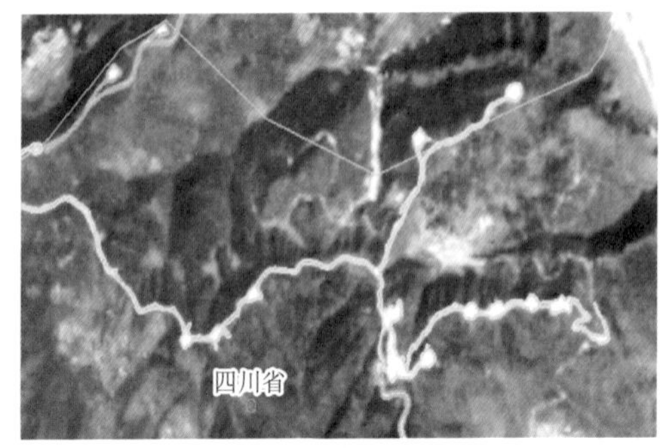


（b）影像截图

图 5.1－7　典型风电工程现场照片和影像截图

（8）输变电工程。输变电工程指由各种电压等级的输电线路和变电站组成的工程。主要位于城镇周边，以规则矩形、内部无建筑物、存在排列整齐的电力设施为主要特征，未完工的项目可见明显开挖、施工痕迹，部分完工的项目可见基坑、支架、便道等纹理特征。图 5.1－8 为典型输变电工程现场照片和影像截图。

（a）现场照片

（b）影像截图

图 5.1－8　典型输变电工程现场照片和影像截图

（9）其他电力工程。四川省的其他电力工程主要为太阳能发电厂工程。以主要建设在川西高原、存在大面积规则排列的太阳能电池板为主要特征，未完工的项目可见明显开挖、施工痕迹，部分完工的项目可见基坑、支架、便道等纹理特征。图 5.1－9 为典型其他电力工程现场照片和影像截图。

（a）现场照片

（b）影像截图

图 5.1－9 典型其他电力工程现场照片和影像截图

（10）水利枢纽工程。水利枢纽工程指为满足各项水利工程兴利除害目标、在河流或渠道适宜地段修建的不同类型水工建筑物的综合体，包括无坝引水枢纽、有坝引水枢纽、蓄水枢纽（水库枢纽），不包括以水力发电为主要目标的水电枢纽工程。以主要位于河岸、库岸地区，有明显的水坝为主要特征，未完工的项目可见明显开挖、施工痕迹，部分完工的项目可见大坝、边坡、施工便道等纹理特征。图 5.1－10 为典型水利枢纽工程现场照片和影像截图。

（a）现场照片

（b）影像截图

图 5.1－10 典型水利枢纽工程现场照片和影像截图

（11）灌区工程。灌区工程指由灌溉渠首工程（或者水源取水工程）、灌排渠道、渠系建筑物及灌区各种附属设施组成的有机综合体。以主体呈狭长状几何形态、与河流水库相连接为主要特征，未完工的项目可见明显开挖、施工痕迹，部分完工的项目可见渠道、边坡、水面等纹理特征。图 5.1－11 为典型灌区工程现场照片和影像截图。

（12）引调水工程。引调水工程指采用现代工程技术，从水源地通过取水建筑物、输水建筑物引水和调水至需水地的一种水利工程。与灌区工程较类似，

（a）现场照片

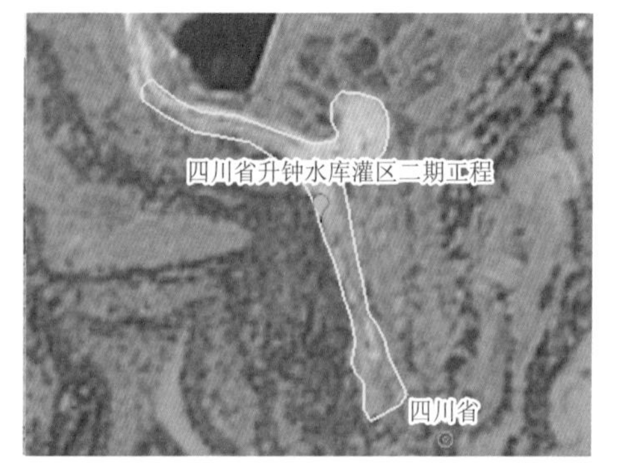


（b）影像截图

图 5.1-11 典型灌区工程现场照片和影像截图

主要区别在于采用管道等输水方式进行引水，以主体呈狭长状几何形态、与河流水库相连接为主要特征，未完工的项目可见明显开挖、施工痕迹，部分完工的项目可见管道、基坑、桥墩等纹理特征。图 5.1-12 为典型引调水工程现场照片和影像截图。

（a）现场照片

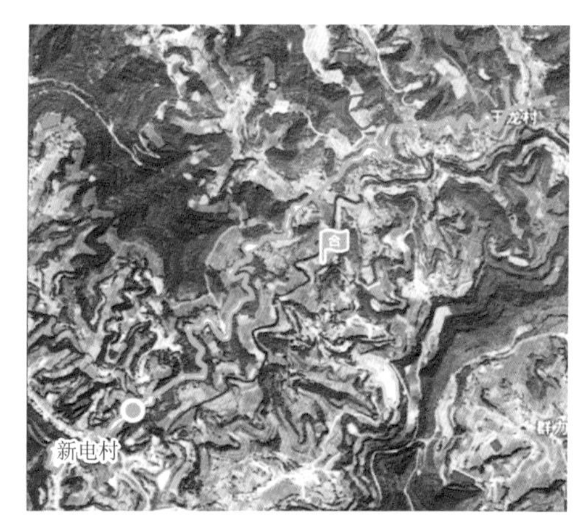


（b）影像截图

图 5.1-12 典型引调水工程现场照片和影像截图

（13）堤防工程。堤防工程包括新建、加固、扩建、改建堤防工程，四川无海堤防工程。与涉水交通工程有相似性，主要位于河岸、库岸地区，以沿河岸、库岸或跨水面走向为主要特征，未完工的项目可见明显开挖、施工痕迹，部分完工的项目可见边坡、绿化等纹理特征。图 5.1-13 为典型堤防工程现场照片和影像截图。

（a）现场照片

（b）影像截图

图 5.1－13 典型堤防工程现场照片和影像截图

（14）蓄滞洪区工程。蓄滞洪区工程指在蓄滞洪区内建设的各种分洪、蓄洪或滞洪相关水利工程综合体。以面积规模较大、地势低，与河流、大型湖泊相连接为主要特征，未完工的项目可见明显开挖痕迹，部分完工的项目可见蓄水、草地等纹理特征。图 5.1－14 为典型蓄滞洪区工程现场照片和影像截图。

（a）现场照片

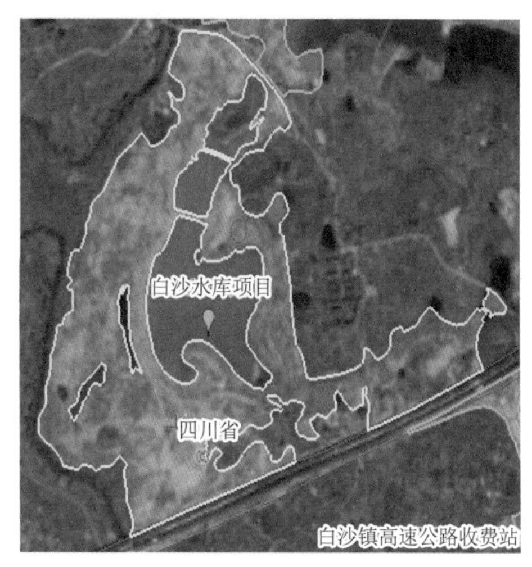


（b）影像截图

图 5.1－14 典型蓄滞洪区工程现场照片和影像截图

（15）其他小型水利工程。除上述水利枢纽、灌区、引调水、堤防、蓄滞洪区工程之外的其他小型水利工程，如河道整治工程、小型农田水利工程、水质净化和污水处理工程等。图 5.1－15 为典型其他小型水利工程现场照片和影像截图。

(a) 现场照片

(b) 影像截图

图 5.1-15　典型其他小型水利工程现场照片和影像截图

(16) 水电枢纽工程。水电枢纽工程包括坝式水电站、引水式水电站、混合式水电站和抽水蓄能电站等工程。与水利枢纽工程有相似性，以主要位于大型河流河道、有明显的水坝为主要特征，未完工的项目可见明显开挖、施工痕迹，部分完工的项目可见大坝、边坡、施工便道等纹理特征。图 5.1-16 为典型水电枢纽工程现场照片和影像截图。

(a) 现场照片

(b) 影像截图

图 5.1-16　典型水电枢纽工程现场照片和影像截图

(17) 露天煤矿。露天煤矿指露天开采的煤矿工程及其配套的洗选工程、排土场、矸石场等。四川省暂无露天煤矿。图 5.1-17 为典型露天煤矿工程现场照片和影像截图。

(a) 现场照片

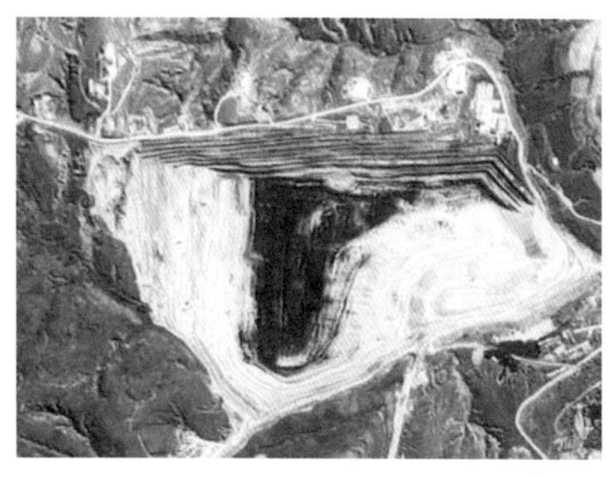
(b) 影像截图

图 5.1-17　典型露天煤矿工程现场照片和影像截图

(18) 露天金属矿。露天金属矿指露天开采的金属矿及其配套的洗选矿设施、尾矿库、排土场等，如贵重金属矿（金、银、铂等）、有色金属矿（铜、铅、锌、铝、镁、钨、锡、锑等）、黑色金属矿（铁、锰、铬等）、稀有金属矿（钽、铌等）、放射性金属矿（铀、钍）等。以主要位于山区、以开挖为主要特征，部分项目可见厂房、便道、尾矿库、排土场等纹理特征。图 5.1-18 为典型露天金属矿工程现场照片和影像截图。

(a) 现场照片

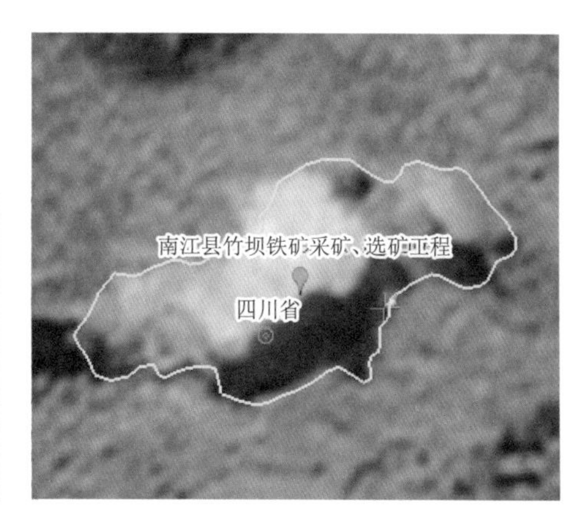

(b) 影像截图

图 5.1-18　典型露天金属矿工程现场照片和影像截图

(19) 露天非金属矿。露天非金属矿指露天开采的非金属矿及其配套的洗选矿设施、尾矿库、排土场等，如冶金用非金属矿、化工用非金属矿、建材及其他非金属矿，以及水泥熟料项目、粉磨站项目和水泥厂项目等水泥工程。与露天金属矿有相似性，以主要位于山区、以开挖为主要特征，城镇周边以砖厂取土区为主，部分项目可见厂房、便道、尾矿库、排土场等纹理特征。图 5.1-19为典型露天非金属矿工程现场照片和影像截图。

(a) 现场照片

(b) 影像截图

图 5.1-19 典型露天非金属矿工程现场照片和影像截图

(20) 井采煤矿。井采煤矿指地下开采的煤矿工程及其配套的洗选工程、排土场、矸石场等。与露天金属矿、露天非金属矿有相似性，以主要位于山区、堆放有黑色煤矿为主要特征，部分项目可见厂房、便道、尾矿库、排土场等纹理特征。图 5.1-20 为典型井采煤矿工程现场照片和影像截图。

(a) 现场照片

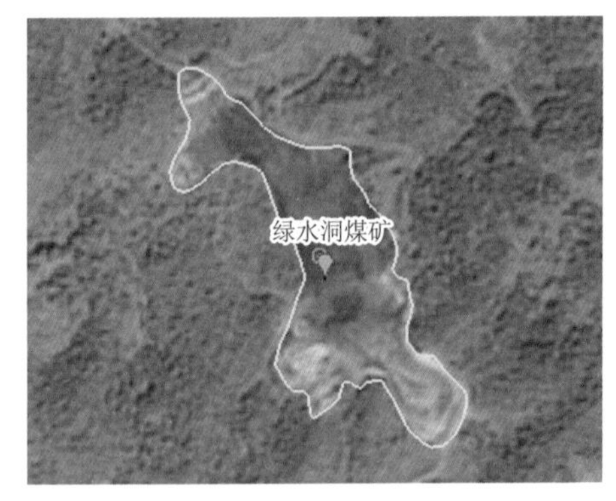


(b) 影像截图

图 5.1-20 典型井采煤矿工程现场照片和影像截图

(21) 井采金属矿。井采金属矿指地下开采的金属矿及其配套的洗选矿设施、尾矿库、排土场等，如贵重金属矿（金、银、铂等）、有色金属矿（铜、铅、锌、铝、镁、钨、锡、锑等）、黑色金属矿（铁、锰、铬等）、稀有金属矿（钽、铌等）、放射性金属矿（铀、钍）、稀土矿等。与露天金属矿、露天非金属矿、井采煤矿有相似性，以主要位于山区、堆放有矿石为主要特征，部分项目可见厂房、便道、尾矿库、排土场等纹理特征。图 5.1-21 为典型井采金属矿工程现场照片和影像截图。

（a）现场照片

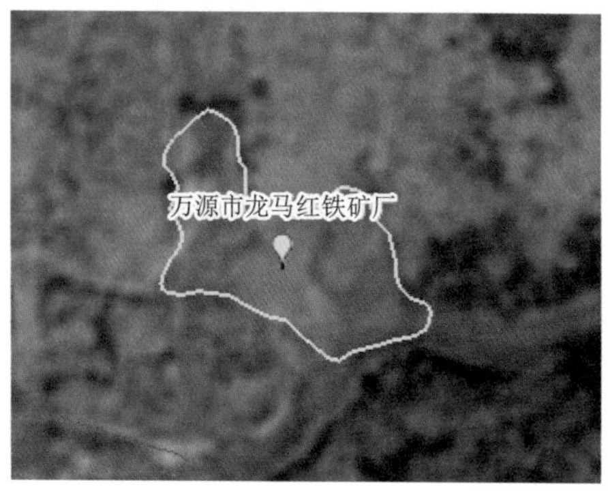


（b）影像截图

图 5.1-21　典型井采金属矿工程现场照片和影像截图

（22）井采非金属矿。井采非金属矿指地下开采的非金属矿及其配套的洗选矿设施、尾矿库、排土场等，如冶金用非金属矿、化工用非金属矿、建材及其他非金属矿。与露天金属矿、露天非金属矿、井采煤矿、井采金属矿有相似性，以主要位于山区、堆放有矿石为主要特征，部分项目可见厂房、便道、尾矿库、排土场等纹理特征。图 5.1-22 为典型井采非金属矿工程现场照片和影像截图。

（a）现场照片

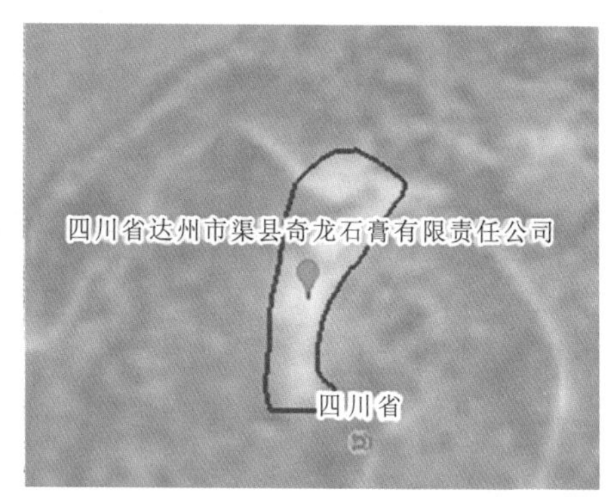


（b）影像截图

图 5.1-22　典型井采非金属矿工程现场照片和影像截图

（23）油气开采工程。油气开采工程指石油、天然气等油气田开采工程。以主要位于山区、有油气开采井架为主要特征，部分项目可见厂房、便道、排土场等纹理特征。图 5.1-23 为典型油气开采工程现场照片和影像截图。

(a) 现场照片

(b) 影像截图

图 5.1-23 典型油气开采工程现场照片和影像截图

(24) 油气管道工程。油气管道工程指输送石油、天然气的管道运输工程，如天然气管道工程、原油管道工程、成品油管道工程等。与引调水工程有相似性，以主体呈狭长状几何形态、主要埋藏于地下为主要特征，未完工的项目可见明显开挖、施工痕迹，部分完工的项目可见管道、基坑、桥墩等纹理特征。图 5.1-24 为典型油气管道工程现场照片和影像截图。

(a) 现场照片

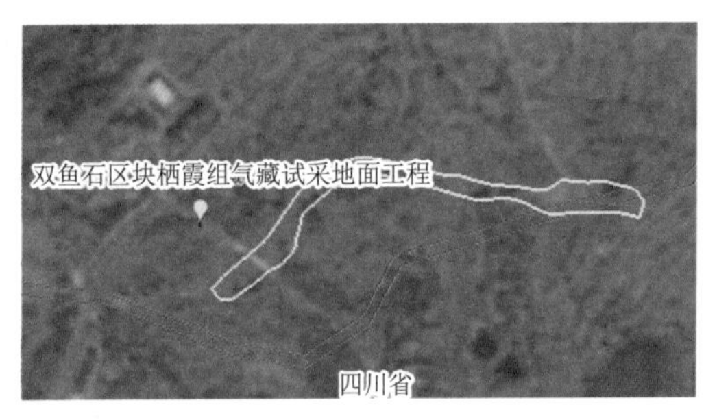


(b) 影像截图

图 5.1-24 典型油气管道工程现场照片和影像截图

(25) 油气储存与加工工程。油气储存与加工工程指石油、天然气储存和加工相关工程，如石油储备基地、天然气储备基地、石油天然气储备基地以及石油加工厂、炼油厂、石油化工厂、天然气加工厂、天然气处理厂、液化天然气加工厂等工程。主要位于城镇周边，以存在大型储油罐、管路等为主要特征，未完工的项目可见明显开挖、施工痕迹，部分完工的项目可见储油罐、管道、基坑等纹理特征。图 5.1-25 为典型油气储存与加工工程现场照片和影像截图。

(a) 现场照片

(b) 影像截图

图 5.1-25 典型油气储存与加工工程现场照片和影像截图

(26) 工业园区工程。工业园区工程指建设工业园区所涉及的五通一平等相关工程。主要位于城镇周边，以规模较大、土地平整、存在道路分割的规则地块为主要特征，未完工的项目可见明显开挖、施工痕迹，部分完工的项目可见塔吊、厂房、配套道路、绿化、基坑等纹理特征。图 5.1-26 为典型工业园区工程现场照片和影像截图。

(a) 现场照片

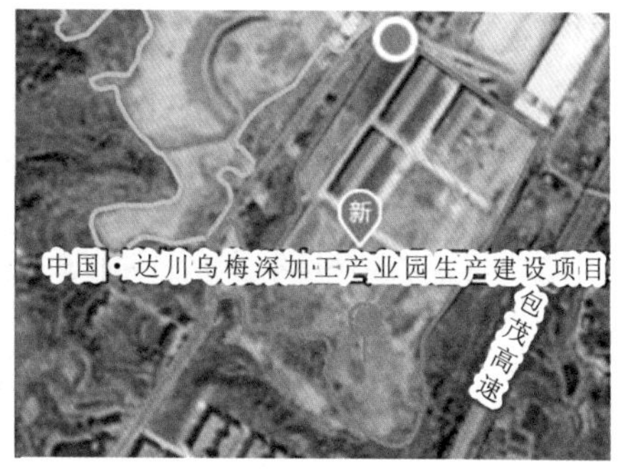


(b) 影像截图

图 5.1-26 典型工业园区工程现场照片和影像截图

(27) 城市轨道交通工程。城市轨道交通工程指在城市地下隧道或从地下延伸至地面（高架桥）运行的电动快轨道公共交通工程，如地铁、轻轨等工程。与公路工程、铁路工程存在相似性，但主要位于城镇建成区内部，以主体呈狭长状几何形态为主要特征，未完工的项目可见明显开挖、施工痕迹，部分完工的项目可见轨道、路基、边坡、绿化带等纹理特征。图 5.1-27 为典型城市轨道交通工程现场照片和影像截图。

(28) 城市管网工程。城市管网工程包括城市供水、排水（雨水和污水）、

（a）现场照片　　（b）影像截图

图 5.1-27　典型城市轨道交通工程现场照片和影像截图

燃气、热力、电力、通信、广播电视、工业等管线管道及其附属设施等工程。与公路工程、铁路工程、城市轨道交通工程存在相似性，但主要位于城镇建成区内部，以主体呈狭长状几何形态为主要特征，未完工的项目可见明显开挖、施工痕迹，部分完工的项目可见管网、绿化等纹理特征。图 5.1-28 为典型城市管网工程现场照片和影像截图。

（a）现场照片　　（b）影像截图

图 5.1-28　典型城市管网工程现场照片和影像截图

（29）房地产工程。房地产工程包括居住区建设项目和公用建筑项目，居住区建设项目包括住宅建设工程、居住区公共服务设施建设工程、居住区绿化工程、居住区内道路工程、居住区内给水、污水、雨水和电力管线工程；公用建筑项目包括行政办公、商业金融、其他公共设施建设工程等。为最常见的生产建设项目类型，以地块规则、主要位于城镇建成区内部和周边、存在房屋建筑或有塔吊等施工设施为主要特征，未完工的项目可见明显开挖、施工痕迹，部分完工的项目可见塔吊、建筑物、配套道路、绿化、基坑等纹理特征。图 5.1-29 为典型房地产工程现场照片和影像截图。

（a）现场照片

（b）影像截图

图 5.1-29　典型房地产工程现场照片和影像截图

（30）其他城建工程。其他城建工程包括城镇道路，位于城市内或者周边的各类工业建设项目（煤焦化、煤液化、煤气化、煤制电石等煤化工工程），城市公园建设工程，经济开发区、高新技术开发区、科技园区等开发区建设工程等。图 5.1-30 为典型其他城建工程现场照片和影像截图。

（a）现场照片

（b）影像截图

图 5.1-30　典型其他城建工程现场照片和影像截图

（31）林浆纸一体化工程。林浆纸一体化工程包括纸浆生产和林纸原料基地等工程，以具备厂房、污水处理池为主要特征。图 5.1-31 为典型林浆纸一体化工程现场照片和影像截图。

（a）现场照片

（b）影像截图

图 5.1-31 典型林浆纸一体化工程现场照片和影像截图

（32）农林开发工程。农林开发工程包括集团化陡坡（山地）开垦种植、定向用材料开发、规模化农林开发、开垦耕地、炼山造林、南方地区规模化经济果木林开发工程等工程。与工业园区工程有相似性，主要位于城镇村周边，以面积较大，存在土地整理痕迹为主要特征，未完工的项目可见明显开挖、施工痕迹，部分完工的项目可见规则种植的农作物、田埂、便道、蓄水池等纹理特征。图 5.1-32 为典型农林开发工程现场照片和影像截图。

（a）现场照片

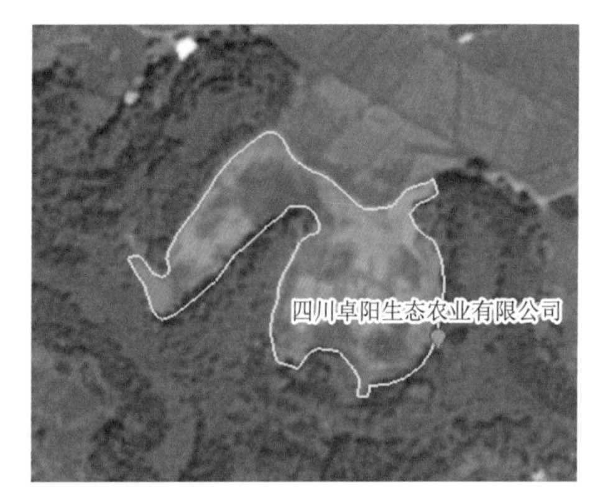


（b）影像截图

图 5.1-32 典型农林开发工程现场照片和影像截图

（33）加工制造类项目。加工制造类项目指对采掘业产品和农产品等原材料进行加工，或对工业产品进行再加工和修理，或对零部件进行装配的工业类建设项目，如冶金工程（含钢铁厂）、机械制造厂、化学品生产制造厂、木材加工厂、建筑材料生产厂、纺织厂、食品加工厂、皮革制造厂等。主要位于城镇周边，以存在规模较大的厂房为主要特征，未完工的项目可见明显开挖、施工痕迹，部分完工的项目可见塔吊、厂房、配套道路、绿化、基坑等纹理特征。图

5.1-33为典型加工制造类项目现场照片和影像截图。

(a) 现场照片

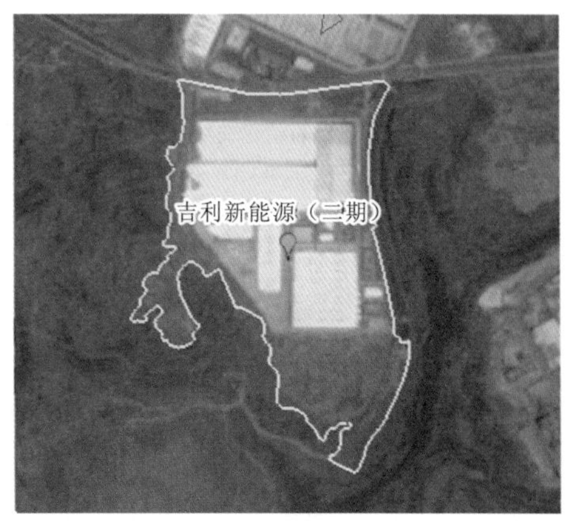


(b) 影像截图

图5.1-33 典型加工制造类项目现场照片和影像截图

(34) 社会事业类项目。社会事业类项目包括教育、文化、卫生、广播电视、残联、体育、旅游等部门的建设项目，如各类学校建设工程、文化娱乐公共设施建设工程、各种医院建设工程、广播电视设施建设工程、体育场馆建设工程、旅游景区建设工程等。与房地产工程存在相似性，以地块规则、主要位于城镇建成区内部和周边、存在房屋建筑或有塔吊等施工设施为主要特征，未完工的项目可见明显开挖、施工痕迹，部分完工的项目可见塔吊、建筑物、配套道路、绿化、基坑等纹理特征。图5.1-34为典型社会事业类项目现场照片和影像截图。

(a) 现场照片

(b) 影像截图

图5.1-34 典型社会事业类项目现场照片和影像截图

（35）信息产业类项目。信息产业类项目包括通信设备、广播电视设备、电子计算机、软件、家电、电子测量仪器、电子工业专用设备、电子元器件、电子信息机电产品、电子信息专用材料等生产制造和集成装配厂建设工程以及各类数据中心、云中心、大数据中心或者基地等的建设工程。与加工制造类项目和房地产工程存在相似性。主要位于城镇周边，以存在规模较大的厂房或成规模的建筑物为主要特征，未完工的项目可见明显开挖、施工痕迹，部分完工的项目可见塔吊、厂房、配套道路、绿化、基坑等纹理特征。图5.1-35为典型信息产业类项目现场照片和影像截图。

（a）现场照片

（b）影像截图

图5.1-35 典型信息产业类项目现场照片和影像截图

（36）其他行业项目。其他行业项目指上述35类工程项目之外的建设工程项目。

## 5.2 监管指标

（1）扰动地块边界。扰动地块边界是基于正射遥感影像成果，采用人机交互解译或者面向对象分类解译等方法，解译提取的扰动图斑范围（图5.2-1）。按照要求，解译扰动图斑的边界套合误差应不大于1个像元。

（2）扰动面积。《生产建设项目水土保持信息化监管技术规定（试行）》规定：扰动图斑最小成图面积不小于4mm$^2$。特定目标监测可根据遥感影像分辨率与实际应用需求调整。《四川省生产建设项目水土保持“天地一体化”监管实施方案》规定：采用遥感调查和现场复核方法对生产建设项目扰动状况进行监管，遥感调查对象为面积大于0.1hm$^2$的生产建设扰动地块（2m分辨率遥感影像上对应250个像元范围），现场复核对象为面积大于1hm$^2$的生产建设扰动地块。

（3）扰动类型。扰动类型分为“弃渣场”和“其他扰动”两类。“弃渣场”是指生产建设项目工程建设中产生的弃土、弃石、弃渣等的堆放场地。“其他扰

图 5.2-1 扰动地块边界示意图

动”包括“施工扰动”和“非生产建设项目扰动”两种类型，其中“施工扰动”是指生产建设活动中各类挖损、占压、堆弃等行为造成地表覆盖情况发生明显变化的行为；“非生产建设项目扰动”是指上述弃渣场和施工扰动之外，临时堆放、压占、废弃形成的地表扰动。图 5.2-2～图 5.2-4 分别为弃渣场示例、施工扰动示例和非生产建设项目扰动示例。

(a) 现场照片

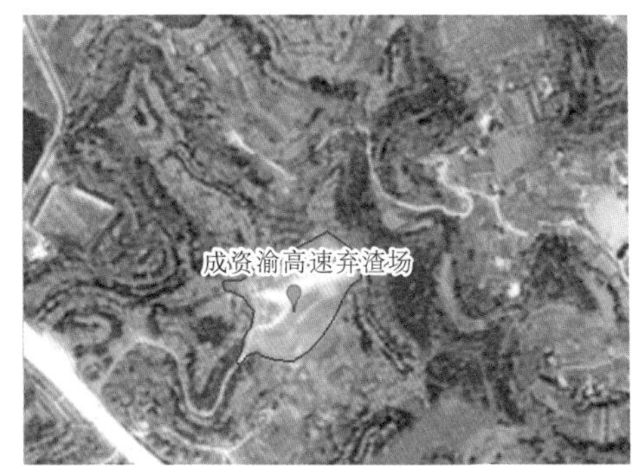


(b) 影像截图

图 5.2-2 弃渣场示例

(4) 扰动变化类型。扰动变化类型包括“新增”“续建（范围扩大）”“续建（范围缩小）”“续建（范围不变）”“完工”等类型（图 5.2-5），判定规则如下：

(a) 现场照片

(b) 影像截图

图 5.2-3　施工扰动示例

(a) 现场照片

(b) 影像截图

图 5.2-4　非生产建设项目扰动示例

(a) 前时相影像

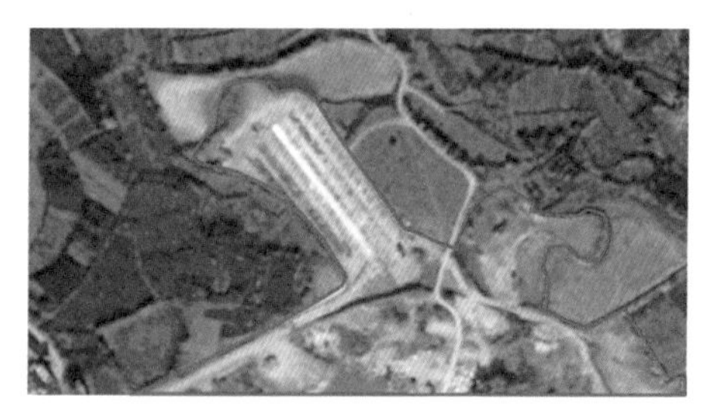

(b) 后时相影像

图 5.2-5　新增项目示意图

1) 若某个扰动图斑在上一期不存在，本期解译结果中出现，判定为“新增”扰动图斑。

2) 若某个扰动图斑在上一期和本期解译结果中都存在，当图斑扩大时，判定为“续建（范围扩大）”（图 5.2-6）。

（a）前时相影像

（b）后时相影像

图 5.2-6　扰动范围扩大项目示意图

3）若某个扰动图斑在上一期和本期解译结果中都存在，当图斑缩小时，判定为“续建（范围缩小）”（图 5.2-7）。

（a）前时相影像

（b）后时相影像

图 5.2-7　扰动范围缩小项目示意图

4）若某个扰动图斑在上一期和本期解译结果中都存在，当图斑大小不变时，判定为“续建（范围不变）”（图 5.2-8）。

5）若某个扰动图斑在上一期存在，本期遥感影像上不存在，而且经过现场复核项目已经建成且水土保持措施已经实施，则判定为“完工”（图 5.2-9）。

（5）建设状态。建设状态指扰动地块所处的施工阶段，分为施工（含建设生产类项目运营期施工）、停工、完工。“施工”是指生产建设项目正在建设过程中，对地表的扰动活动正在进行；“停工”是指生产建设项目建设过程中止，对地表的扰动活动为暂停的状态；“完工”是指生产建设项目建设过程完成，对地表的扰动活动停止（图 5.2-10）。

（6）扰动合规性。扰动合规性包括“程序合规”“未批先建”“未批先弃（渣场）”“超出防治责任范围”“未批先变”“未验先投”和“建设地点变更”

（a）前时相影像

（b）后时相影像

图 5.2－8　扰动范围不变项目示意图

（a）前时相影像

（b）后时相影像

图 5.2－9　完工项目示意图

等 7 种情况。“程序合规”指某生产建设项目产生的扰动位于该项目批复水土保持防治责任范围内部（图 5.2－11 和图 5.2－12）；“未批先建”指生产建设项目未按要求编报水土保持案就先行开工；“未批先弃（渣场）”指在水土保持方案确定的专门存放地以外的区域倾倒砂、石、土、矸石、尾矿、废渣等的违法违规行为（图 5.2－13）；“超出防治责任范围”指生产建设项目产生的扰动超出水土保持方案防治责任范围；“未批先变”主要指建设地点、措施、规模等发生重大变化，达到《水利部生产建设项目水土保持方案变更管理规定（试行）》中规定的变更条件，但未完成变更审批/报备的项目（不包括水土流失防治责任范围增加 30％以上的违法违规行为）（图 5.2－14）；“未验先投”指项目未进行水土保持设施验收先行投产投运的违法违规行为；“建设地点变更”是指生产建设项目产生的扰动位于水土保持方案防治责任范围外部（图 5.2－15）。

(a) 施工

(b) 停工

(c) 完工

图 5.2-10 项目建设状态示例照片

图 5.2-11 程序合规：扰动图斑（绿色）完全位于防治责任范围内（红色）

图 5.2-12 程序合规：无扰动图斑、有防治责任范围（红色）

图 5.2-13 未批先建：只有扰动图斑（绿色）

图 5.2-14 超出防治责任范围：扰动图斑（绿色）超出防治责任范围（红色）

图 5.2-15 建设地点变更：扰动图斑（绿色）与防治责任范围（红色）形态相似，但位置不同

# 第6章 相关术语和定义

## 6.1 水土流失基本术语

（1）水土流失。水土流失是指在水力、风力、重力、冻融等自然营力和人类活动作用下，水土资源和土地生产力的破坏和损失，包括土地表层侵蚀和水的损失[《水土保持术语》(GB/T 20465—2006)，以下简称《水土保持术语》]。

（2）水土保持。水土保持是指防治水土流失，保护、改良与合理利用水土资源，维护和提高土地生产力，减轻洪水、干旱和风沙灾害，以利于充分发挥水、土资源的生态效益、经济效益和社会效益，建立良好生态环境，支撑可持续发展的生产活动和社会公益事业（《水土保持术语》）。

（3）水土保持监督。水土保持监督是指水土保持行政执出机构依照国家有关的法律，法规规定的校限、方式和程序，对公民、法人和其他组织与水土保持有关的行为活动的合法性、有效性进行的监察和督导（《水土保持术语》）。

（4）扰动土地。扰动土地是指开发建设项目在生产建设活动中形成的各类挖损、占压、堆弃用地，均以垂直投影面积计。扰动土地整治面积，是指对扰动土地采取各类整治措施的面积，包括永久建筑物面积。不扰动的土地面积不计算在内，如水工程建设过程不扰动的水域面积不统计在内[《开发建设项目水土流失防治标准》(GB 50434—2008)]。

（5）水土保持工程措施。水土保持工程措施是指应用工程原理，为防治水土流失，保护、改良和合理利用水土资源而修建的工程设施。主要可分为坡面治理工程和沟道治理工程（《水土保持术语》）。

（6）水土保持方案。水土保持方案是指为防止生产建设项目造成新的水土流失，按照《中华人民共和国水土保持法》及有关技术规范要求，编制的水土流失预防保护和综合治理的设计文件，是生产建设项目总体设计的重要组成部分，是设计和实施水土保持措施的技术依据（《水土保持术语》）。

（7）水土保持设施补偿费。水土保持设施补偿费是指开发建设项目由于占用、损坏现有水土保持设施而必须依法缴纳的起补偿作用的费用（《水土保持术语》）。

(8) 水土流失防治费。水土流失防治费是指为预防和治理水土流失所投入的费用(《水土保持术语》)。

(9) 水土流失监测。水土流失监测是指对水土流失发生、发展、危害及水土保持效益定期进行的调查、观测和分析工作。目前常用的是土壤侵蚀遥感监测方法,即应用遥感(RS)信息进行的土壤侵蚀时空演变的定位和定量分析工作(《水土保持术语》)。

## 6.2 生产建设项目监管相关术语

(1) 生产建设项目水土保持信息化监管:指用“天地一体化”方式开展生产建设项目水土保持监管,即综合应用卫星或航空遥感(RS)、GIS、GPS、无人机、移动通信、快速测绘、互联网、智能终端、多媒体等多种技术,开展的生产建设项目水土保持监管及其信息采集、传输、处理、存储、分析、应用的过程。根据监管范围和监管要求的差异,分为区域监管和项目监管[《生产建设项目水土保持信息化监管技术规定(试行)》]。

(2) 区域监管:全称为生产建设项目水土保持信息化区域监管,指以某一区域(如某流域、省、市、县或者某功能区等)为监管范围,采用遥感调查和现场复核相结合的方法,通过分工协作和上下协同,对区域内所有生产建设项目扰动状况开展的整体性、全局性监管,以掌握区域生产建设项目空间分布、建设状态和整体扰动状况,为水行政主管部门开展监管工作提供依据[《生产建设项目水土保持信息化监管技术规定(试行)》]。

(3) 项目监管:全称为生产建设项目水土保持信息化项目监管,指以单个已批复水土保持方案的生产建设项目为监管对象,采用卫星遥感调查、无人机和移动终端现场信息采集相结合的方法,对该生产建设项目扰动状况和水土保持措施落实情况等开展的多频次、高精度监管[《生产建设项目水土保持信息化监管技术规定(试行)》]。

(4) 扰动地块:指生产建设活动中各类开挖、占压、堆弃等行为造成地表覆盖状况发生改变的土地(《生产建设项目水土保持“天地一体化”监管技术规定》)。

(5) 扰动图斑:指扰动地块在信息化监管专题成果图上的反映(《生产建设项目水土保持“天地一体化”监管技术规定》)。

(6) 水土流失防治责任范围:指依据法律法规和水土保持方案,生产建设单位或个人对某生产建设行为可能造成水土流失而必须采取有效措施进行预防和治理,依法应承担水土流失防治义务的范围,包括项目征地、占地、使用及管辖的土地等(《生产建设项目水土保持“天地一体化”监管技术规定》)。

（7）防治责任范围上图：指将生产建设项目防治责任范围图进行空间配准、边界勾绘和属性录入，最终获得具有空间地理信息和属性信息的矢量文件的过程（《生产建设项目水土保持“天地一体化”监管技术规定》）。

（8）扰动状况：指生产建设活动中，各类挖损、占压、堆弃等行为造成地表覆盖的变化情况。（《生产建设项目水土保持“天地一体化”监管技术规定》）。

（9）扰动合规性：指生产建设项目的扰动状况是否符合水土保持有关规定（《生产建设项目水土保持“天地一体化”监管技术规定》）。

（10）风险图斑（项目）认定：指在现场核查阶段对疑似风险图斑是否存在水土流失风险进行认定，认定结果分为无风险图斑和存在风险图斑两类，涉及风险图斑的项目即为风险项目［《2021年水利部水土保持遥感监管现场工作技术规定（试行）》］。

（11）未批先建：依法应当编报水土保持方案的生产建设项目，未编制水土保持方案或者编制的水土保持方案未经批准而开工建设的违法违规行为［《2021年水利部水土保持遥感监管现场工作技术规定（试行）》］。

（12）未批先弃：在水土保持方案确定的专门存放地以外的区域倾倒砂、石、土、矸石、尾矿、废渣等的违法违规行为［《2021年水利部水土保持遥感监管现场工作技术规定（试行）》］。

（13）超出防治责任范围：水土保持方案经批准后，项目实际扰动面积超出批复面积30%以上的违法违规行为［《2021年水利部水土保持遥感监管现场工作技术规定（试行）》］。

（14）未验先投：指项目未进行水土保持设施验收先行投产投运的违法违规行为［《2021年水利部水土保持遥感监管现场工作技术规定（试行）》］。

（15）建设地点变更：指生产建设项目未在水土保持方案批复的防治责任范围区域进行施工扰动的违法违规行为［《2021年水利部水土保持遥感监管现场工作技术规定（试行）》］。

（16）未批先变：指生产建设项目措施、规模等发生重大变化，达到《水利部生产建设项目水土保持方案变更管理规定（试行）》中规定的变更条件，但未完成变更审批/报备的违法违规行为［《2021年水利部水土保持遥感监管现场工作技术规定（试行）》］。

# 第7章　监管成果及格式

## 7.1　遥感影像数据

1. 成果内容

覆盖监管区域的遥感影像数据及其对应的遥感影像镶嵌线文件。遥感影像数据以TIFF或IMG格式存储，像素为8位或16位。镶嵌线文件以Shapefile矢量文件存储，要素类型为Polygon（具体内容和格式见表7.1）。

表7.1　遥感影像数据成果列表

| 序号 | 成果名称 | 成果描述 | 数据格式 |
|---|---|---|---|
| 1 | 遥感影像数据 | 覆盖监管区域的正射影像成果 | TIFF/IMG |
| 2 | 镶嵌线文件 | 用于描述镶嵌影像的影像源情况 | Shapefile |

2. 分辨率

根据监管区域调查成果的精度要求，选择适宜类型和空间分辨率的遥感影像作为遥感监管数据源，空间分辨率越低，扰动图斑提取准确度越低（不同成图比例尺与遥感影像空间分辨率的对应关系见表7.2）。为确保扰动图斑提取结果的可靠性（图7.1-1），原则上监管成图比例尺不应低于1∶10000，即采用空间分辨率优于2.5m的影像作为监管影像源。

表7.2　不同成图比例尺对应的遥感影像空间分辨率

| 序号 | 成图比例尺 | 遥感影像空间分辨率/m |
|---|---|---|
| 1 | 1∶5000 | 优于1 |
| 2 | 1∶10000 | 优于2.5 |
| 3 | 1∶25000 | 优于5 |

3. 时相

根据遥感监管工作需求，合理确定遥感影像的成像时间，同一地区多景遥感影像的时相应相同或相近。

4. 影像质量

（1）影像没有坏行、缺带、条带、斑点噪声和耀斑，云量少（优先采用晴空影像，总云量不超过5%）。

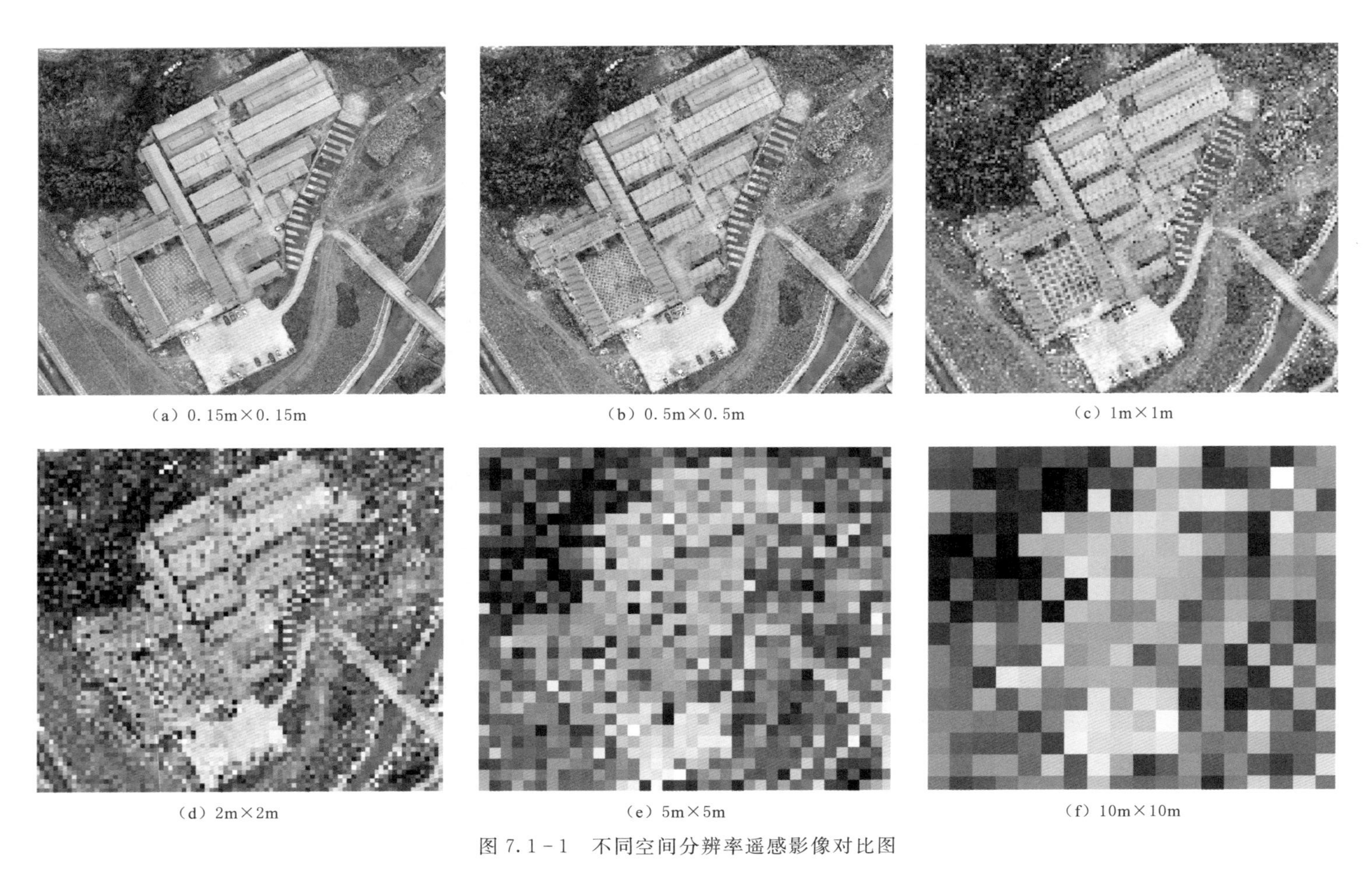

（a）0.15m×0.15m （b）0.5m×0.5m （c）1m×1m

（d）2m×2m （e）5m×5m （f）10m×10m

图 7.1-1 不同空间分辨率遥感影像对比图

（2）影像清晰，地物层次分明，色调均一，尽可能保证数据源单一。

（3）影像头文件齐全，包含拍摄时间、传感器类型、太阳高度角、太阳辐照度、中心点经纬度等技术参数。

（4）优先选用包含蓝光、绿光、红光、近红外波段的遥感影像。

5. 坐标系

成果影像的大地基准采用 CGCS2000 国家大地坐标系统，高程基准采用 1985 国家高程基准。当成图比例尺大于等于 1∶10000 时，采用 3°分带，成图比例尺小于 1∶10000 时，采用 6°分带。

6. 平面精度

经过正射校正的遥感数据产品，特征地物点相对于基础控制数据上同名地物点的点位中误差应满足平地、丘陵地区不大于 1 个像元、山地和高山地区不大于 2 个像元的要求。大范围林区、水域、阴影遮蔽区、沙漠、戈壁、沼泽或滩涂等特殊地区可放宽 0.5 倍，取中误差的两倍为其限差。

7. 组织形式

影像分幅方式根据应用需要可分为整景、标准分幅或按行政区域分幅三类，具体成果示例如图 7.1-2～图 7.1-4 所示。为便于在第三方平台上开展扰动图斑解译和外业复核，推荐按区县行政单元进行组织的分幅方式，数据镶嵌时，

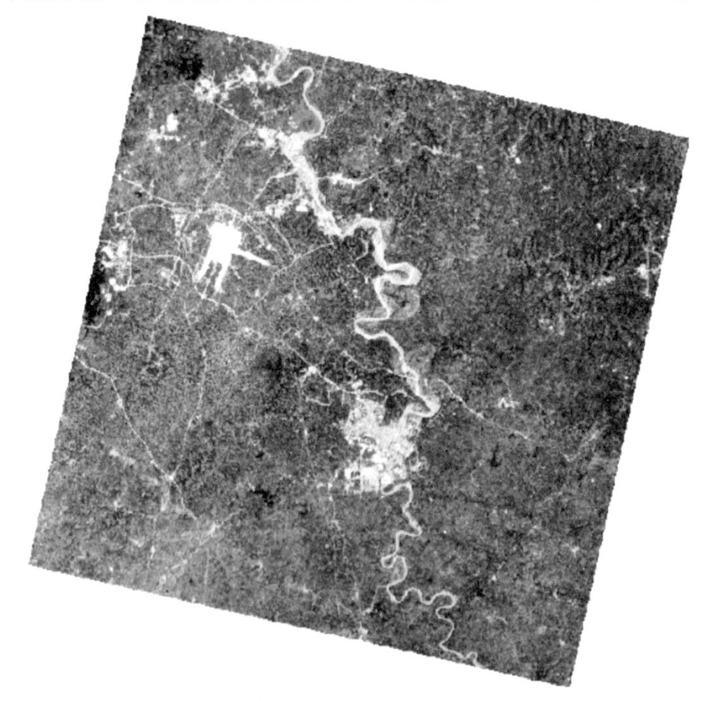

图 7.1-2 整景正射影像成果示例（天府国际机场高分一号影像）

按时相顺序选取，尽量使用最新时相的影像。影像镶嵌后，以县级行政区划外扩 500m 范围对镶嵌的影像进行裁剪，形成分县正射遥感影像成果。

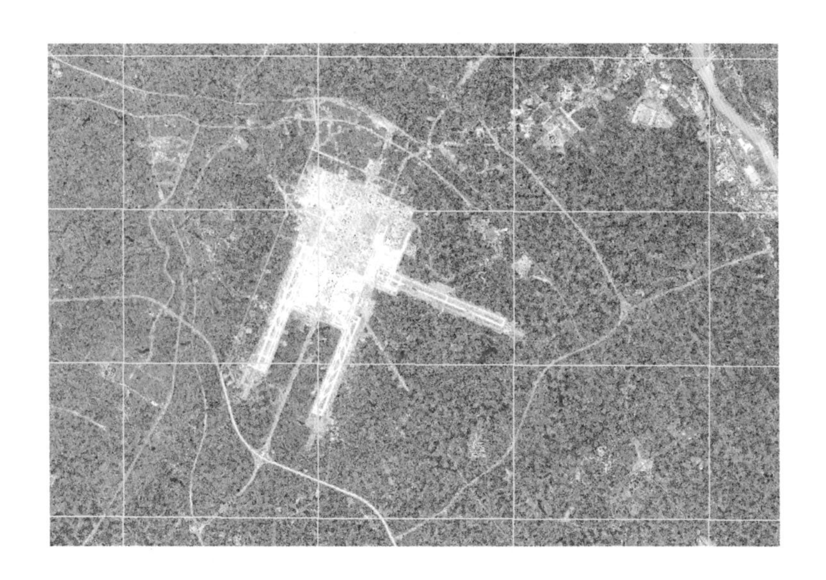

图 7.1-3　1∶10000 标准分幅正射影像成果示例（天府国际机场）

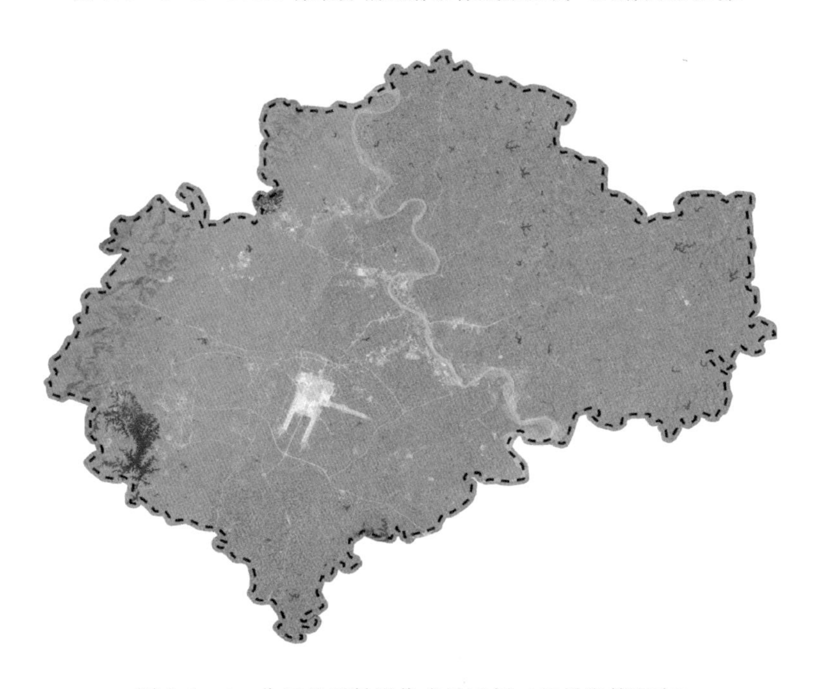

图 7.1-4　分区县正射影像成果示例（四川省简阳市）

镶嵌线文件的组织形式与影像文件保持一致，一般按县级行政区划为单元进行组织（属性定义见表7.3）。

表7.3　影像镶嵌线属性表结构

| 序号 | 字段意义 | Shapefile字段名 |
|---|---|---|
| 1 | 成像时间 | TIME |
| 2 | 遥感影像名称 | NAME |
| 3 | 备注 | NOTE |

注　成像时间指某一景影像的成像时间；遥感影像名称指该遥感影像对应的原始遥感影像的名称；备注指需要填写的关于遥感影像的其他信息。

8. 命名要求

遥感影像成果以“YGYX_XXXXXX_YYYYQQ.tif”的形式命名。其中，YGYX为“遥感影像”的拼音首字母；“XXXXXX”为监管区域的6位行政区划代码（如成都市青羊区为510105），以国家统计局网站公布的最新行政代码为准；“YYYYQQ”表示YYYY年开展第QQ期生产建设项目水土保持信息化区域监管工作。如成都市青羊区2020年开展第一期生产建设项目水土保持信息化区域监管工作使用的遥感影像命名为“YGYX_510105_202101.tif”。

镶嵌线矢量文件以“XQX_XXXXXX_YYYYQQ.shp”的形式命名。XQX为“镶嵌线”拼音首字母；“XXXXXX”为监管区域的行政区划代码，以国家统计局网站公布的最新行政代码为准；“YYYYQQ”表示YYYY年开展第QQ期生产建设项目水土保持信息化区域监管工作。如成都市青羊区2020年开展第一期生产建设项目水土保持信息化区域监管工作使用的遥感影像镶嵌线命名为“XQX_510105_202101.shp”。

## 7.2　生产建设项目方案数据

1. 成果内容

生产建设项目方案数据成果包括监管区域生产建设项目汇总表、水土保持方案、方案批复文件、方案特性表、防治责任范围等，具体内容和格式见表7.4。

表7.4　生产建设项目方案成果列表

| 序号 | 成果名称 | 成果描述 | 成果格式 |
|---|---|---|---|
| 1 | 生产建设项目汇总表 | 当年或历年批复的生产建设项目方案资料的汇总统计表 | Excel |
| 2 | 水土保持方案 | 生产建设项目方案文件（一般为报批版） | Word/PDF |

续表

| 序号 | 成果名称 | 成果描述 | 成果格式 |
|---|---|---|---|
| 3 | 方案批复文件 | 生产建设项目方案的批复文件 | PDF |
| 4 | 项目特性表 | 生产建设项目方案中的项目特性表 | PDF |
| 5 | 项目防治责任范围图 | 生产建设项目方案中的防治责任范围图 | PDF/JPG/DWG |
| 6 | 项目防治责任范围矢量图 | 经矢量化后的防治责任范围 | Shapefile |

2. 收集资料内容

内容包括本底资料收集和年度更新资料收集两部分。本底资料指各级水行政主管部门首次开展信息化监管工作时收集的历年批复的生产建设项目水土保持方案报告书（报批稿）、报告表、登记表、批复文件、防治责任范围图等资料。年度更新资料指建立本底数据库后，每年批复的生产建设项目水土保持方案等相关资料。

3. 资料整理要求

对上述资料进行整理，并建立生产建设项目汇总表。

电子资料按原格式存储；纸质版资料应扫描方案特性表、防治责任范围图和水土保持方案批复文件等，图件资料扫描要求彩色，分辨率300dpi，清晰无变形，以JPG格式存储；文字资料扫描后清晰可辨，以PDF格式存储。

（1）水土保持方案报批稿：命名方式为“批复文号＋生产建设项目名称＋FA”，格式为PDF或Word。

（2）防治责任范围图：命名方式为“批复文号＋生产建设项目名称＋FW”，格式为Shapefile、DWG或JPG。

（3）方案批复文件：命名方式为“批复文号＋生产建设项目名称＋PF”，格式为PDF。

（4）水土保持方案特性表：命名方式为“批复文号＋生产建设项目名称＋TX”，格式为PDF。

（5）命名时，如批复文号和项目名称中存在“/”“〔〕”等特殊字符导致无法保存的情况，将特殊符号删除，并新增备注文件进行说明。

4. 矢量化要求

将水土流失防治责任范围图进行空间化和图形化处理，获得具有空间地理坐标信息和属性信息的矢量图。其中，空间化是指将不具有明显地理空间坐标信息的图件，采用空间定位、地理配准、几何校正等方法，配准到正确地理位置上并使其具有相应地理空间坐标信息的过程；图形化是指采用人机交互方法绘制防治责任范围边界、利用拐点坐标自动生成防治责任范围折线图或者通过缓冲分析自动生成面状图形并录入相关属性信息的过程。图 7.2-1 为矢量化后的防治责任范围示意图。

图 7.2-1 矢量化后的防治责任范围示意图

5. 属性信息录入要求

建立矢量文件属性表（表 7.5），录入项目名称、建设单位、批复机构、批复文号、批复时间、防治责任面积等属性信息。

6. 格式和命名要求

矢量化后的防治责任范围图应选取不少于 2 个特征点进行精度检查，特征点相对于基础控制数据上同名地物点偏差不应大于 1 个像元。

防治责任范围图的 Shapefile 格式矢量数据命名方式为“FZ _ XXXXXX _ YYYYQQ”。其中，FZ 为“防治”的拼音首字母；“XXXXXX”为监管区域的行政区划代码，以国家统计局网站公布的最新行政代码为准；“YYYYQQ”表示 YYYY 年开展第 QQ 期生产建设项目水土保持监管工作。

**表 7.5　生产建设项目防治责任范围属性表结构**

| 序号 | 字段意义 | Shapefile 字段名 | 字段类型 | 数据长度 |
|---|---|---|---|---|
| 1 | 项目名称 | PRNM | Text | 254 |
| 2 | 建设单位 | DPOZ | Text | 254 |
| 3 | 项目类型 | PRTYPE | Text | 50 |
| 4 | 批复机构 | SEAA | Text | 254 |
| 5 | 批复文号 | SANUM | Text | 50 |
| 6 | 批复时间 | SADT | Date | — |
| 7 | 责任面积 | DAREA | Double | — |

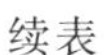

续表

| 序号 | 字段意义 | Shapefile 字段名 | 字段类型 | 数据长度 |
| --- | --- | --- | --- | --- |
| 8 | 组成部分 | PART | Text | 254 |
| 9 | 面积 | AREA | Double | — |
| 10 | 备注 | NOTE | Text | 254 |

**注** 项目名称指某一生产建设项目的正式名称，以水土保持方案批复文件为准。建设单位指某一工程项目的投资主体或投资者，以水土保持方案批复文件为准。项目类型指某一工程项目所属的行业类型。批复机构指批复某一工程项目水土保持方案的水行政主管部门。批复文号指水行政主管部门批复的文号。批复时间指批复文件下达的时间。责任面积指水行政主管部门批复的水土保持方案中某工程项目的防治责任范围面积。组成部分指项目的各个组成部分，如“路基区”“桥梁区”“施工便道区”“弃渣场”“取土场”“尾矿库”“贮灰场”等。如果某组成部分有多个多边形，则应进行编号，例如“弃渣场1号”“弃渣场2号”。面积指项目各个组成部分独立多边形的图上面积。备注主要填写弃渣场的设计容量、取土场的设计取土量，以及其他需要特别说明的内容。

7. 质量要求

上图后的防治责任范围图应选取不少于2个同名点或者特征点作为检查点进行精度检查，各检查点坐标误差均应小于10m，否则不合格（进行示意性上图的项目除外）。

满足上图需求的防治责任范围图要求全部上图，不能在室内完成上图工作的项目要通过野外实地定点确定项目的空间范围。

## 7.3 解译标志成果

1. 成果内容

解译标志成果应尽量包含本级监管区域内的所有生产建设项目类型，弃渣场应单独建立解译标志，解译标志按照Word格式存储。

2. 数量要求

解译标志应包含监管区域所有生产建设项目类型；每种类型生产建设项目的解译标志不少于2套；弃渣场解译标志不少于3套。

3. 格式要求

每套解译标志包含1张实地照片和对应的遥感影像，遥感影像上标注照片拍摄区域。制作解译标志成果格式表如图7.3-1所示。

4. 质量要求

现场照片主体应明确，拍摄距离一般不超过200m，能够准确反映生产建设项目的整体特征，并标注拍摄位置和拍摄时间。

影像截图清晰，图斑范围位于影像截图中间，标注影像获取时间、空间分辨率，并对影像特征进行描述。

<table>
<tr><td>编号</td><td>LX-003</td><td>项目类型</td><td>城市轨道工程</td></tr>
<tr><td>扰动类型</td><td colspan="3">新增扰动</td></tr>
<tr><td>项目名称</td><td colspan="3">中低速磁浮综合试验线项目（一期工程）</td></tr>
<tr><td>调查日期</td><td>2021年1月9日</td><td>建设状态</td><td>施工</td></tr>
<tr><td>详细地址</td><td colspan="3">成都市新津县长塘东路</td></tr>
<tr><td colspan="2"></td><td colspan="2">（1）照片拍摄位置经纬度：<br>经度：103.902189°E<br>纬度：30.374775°N<br>（2）照片拍摄时间：2021年1月9日</td></tr>
<tr><td colspan="2"></td><td colspan="2">（1）高分辨率影像成像时间：2020年8月27日<br>（2）高分辨率影像空间分辨率：2.0m<br>（3）高分辨率影像特征：色调偏白，纹理清晰，建筑物较集中，位于城市干道附近</td></tr>
</table>

图 7.3-1 建立的解译标志示意图

## 7.4 扰动图斑解译成果

1. 成果内容

基于遥感正射影像，采用人机交互或者面向对象分类等解译方法，提取的面积不小于 0.1hm$^2$ 的扰动图斑，扰动图斑按照 Shapefile 格式矢量文件存储。

2. 采集指标要求

扰动图斑最小成图面积一般应不小于4.0mm²。特定目标监测可根据遥感影像分辨率与实际应用需求调整。遥感影像空间分辨率与扰动图斑最小面积对应关系见表7.6。

表7.6 遥感影像空间分辨率与扰动图斑最小面积对应关系

| 遥感影像空间分辨率/m | 扰动图斑最小面积/hm² |
| --- | --- |
| ≤1.0 | 0.01 |
| ≤2.5 | 0.04 |
| ≤5.0 | 0.25 |
| ≤10.0 | 1 |

3. 采集技术要求

影像上明显为同一监管区域的（包括内部道路、施工营地等），尽量勾绘在同一图斑内；将弃渣场作为一种扰动形式单独解译；解译扰动图斑的边界偏移应不大于1个像元。

4. 格式和命名要求

建立监管区域扰动图斑矢量文件，将该矢量文件以“RDTB_XXXXXX_YYYYQQ.shp”的形式命名。其中，RDTB为“扰动图斑”拼音首字母；“XXXXXX”为监管区域的行政区划代码，以国家统计局网站公布的最新行政代码为准；“YYYYQQ”表示YYYY年开展的第QQ期扰动图斑解译工作。

5. 合规性分析要求

扰动图斑包含防治责任范围或扰动图斑与防治责任范围相交，初步判定为“疑似超出防治责任范围”。只有扰动图斑可以将扰动合规性初步判定为“疑似未批先建”和“疑似建设地点变更”两种情况。只有防治责任范围的项目可能存在“项目未开工”“项目已完工”“疑似建设地点变更”3种情况，进行合规性初步分析时，判定为“合规”。扰动图斑包含于防治责任范围，初步判定为“合规”。

6. 属性填写要求

根据表7.7建立矢量文件的属性表，并进行属性录入。

表7.7 扰动图斑属性表结构

| 序号 | 属性代码 | 字段名称 | 字段类型 |
| --- | --- | --- | --- |
| 1 | QDNM | 图斑编号 | 文本型 |
| 2 | QTYPE | 扰动类型 | 文本型 |
| 3 | QAREA | 扰动面积 | 浮点型 |
| 4 | QDCS | 施工现状 | 文本型 |

续表

| 序号 | 属性代码 | 字段名称 | 字段类型 |
| --- | --- | --- | --- |
| 5 | QDTYPE | 扰动变化类型 | 文本型 |
| 6 | BYD | 扰动合规性 | 文本型 |
| 7 | RST | 复核状态 | 文本型 |
| 8 | PRNM | 项目名称 | 文本型 |
| 9 | DPOZ | 建设单位 | 文本型 |
| 10 | PRYTPE | 项目类型 | 文本型 |
| 11 | NOTE | 备注 | 文本型 |

**注** 图斑编号指扰动地块的编号，按照图中从上到下，从左到右的顺序依次按阿拉伯数字排序编号。连续多期影像都存在的图斑，编号原则上延续使用最早一期遥感影像的编号；当某个图斑在新影像上变为多个新图斑时，新影像上地物与旧图斑相同的图斑延续使用旧影像上的图斑编号，其余新增加的图斑按照新图斑进行编号；当某几个旧图斑合并成一个新图斑时，合并后的图斑编号按照新增图斑进行处理。扰动类型分为弃渣场和其他扰动两类。扰动面积指扰动地块的面积。施工现状指扰动地块所处的施工阶段，分为施工（含建设生产类项目运营期施工）、停工、竣工。扰动变化类型指扰动地块相对于前一次遥感监管所属的变化类型，包括“新增”“续建”“停工”三种。扰动合规性指某生产建设项目扰动是否符合水土保持有关规定。复核状态指某扰动地块是否进行现场复核，包括“是”“否”。项目名称指某一生产建设项目的正式名称，如果已经批复水土保持方案，则以水土保持方案批复文件为准。建设单位指某一工程项目的投资主体或投资者，如果已经批复水土保持方案，以水土保持方案批复文件为准。项目类型指某一工程项目所属的行业类型。

7. 质量要求

扰动图斑解译后，抽取10%的图斑成果进行审查，若合格率小于90%，则需重新对全部扰动图斑进行解译，另应抽取10%的扰动图斑和防治责任范围进行审查，若合格率小于90%，则需重新进行合规性分析。防治责任范围和扰动图斑的关联属性（如项目名称等）应保持一致、不缺失。

## 7.5 图斑复核和认定成果

1. 成果内容

采用水土保持监督管理信息移动采集系统进行现场复核，现场采集项目信息、项目照片等资料，经过内部审核后可将现场调查数据直接上传至后台的服务器端数据管理平台。

2. 现场复核对象要求

综合《生产建设项目水土保持信息化监管技术规定（试行）》《2021年水利部水土保持遥感监管现场工作技术规定（试行）》和《四川省生产建设项目水土保持“天地一体化”监管实施方案》规定：现场复核对象为面积大于$1hm^2$，合规性初步分析结果为“疑似未批先建”“疑似未批先弃（渣场）”“疑似超出防治责任范围”“疑似未批先变”“疑似未验先投”和“疑似建设地点变更”的全部扰动图斑，以及下发的“疑似风险图斑”。

3. 现场调查复核内容

通过现场调查，对各区县所有复核对象的有关信息进行现场采集，重点复核以下内容：

（1）对于“疑似未批先建”扰动图斑，主要复核造成该扰动图斑的生产建设项目名称、建设单位、目前是否编报水土保持方案，是否为其他项目超出批复防治责任范围的扰动部分，并收集相关佐证材料。

（2）对于“疑似未批先弃（渣场）”扰动图斑，主要根据水土保持方案确定是否有在专门存放地以外的区域倾倒砂、石、土、矸石、尾矿、废渣等的违法违规行为，并收集相关佐证材料。

（3）对于“疑似超出防治责任范围”扰动图斑，主要复核造成该扰动图斑的生产建设项目名称、水土保持方案批复文号、超出批复防治责任范围的扰动部分是否确实为该生产建设项目造成的扰动，是否存在设计变更及其变更报备情况，并收集相关佐证材料。

（4）对于“疑似未批先变”扰动图斑，主要复核建设地点、措施、规模等发生重大变化，达到《水利部生产建设项目水土保持方案变更管理规定（试行）》中规定的变更条件，但未完成变更审批/报备的项目，并收集相关佐证材料。

（5）对于“疑似未验先投”扰动图斑，主要复核已编制水土保持方案并获得批复，但项目未进行水土保持设施验收先行投产投运的违法违规行为，并收集相关佐证材料。

（6）于“疑似建设地点变更”扰动图斑，主要复核造成该扰动图斑的生产建设项目名称、水土保持方案批复文号、建设地点变更设计及其变更报备情况，并收集相关佐证材料。

（7）对于“疑似风险图斑”，主要复核疑似风险图斑是否存在水土流失风险，将存在风险的图斑所涉项目认定为风险项目，并收集相关佐证材料。

4. 成果修正

根据现场复核成果，对遥感解译的扰动图斑及上图后的防治责任范围图矢量数据的空间特征和属性信息进行修正和完善，包括：

（1）删除误判为生产建设项目扰动图斑的其他图斑。

（2）将属于同一个生产建设项目的多个空间相邻的扰动图斑合并，弃渣场图斑单独存放。

（3）将属于两个及以上不同生产建设项目的单个扰动图斑，按照各个生产建设项目边界分割成多个扰动图斑。

（4）根据现场复核成果，补充完善扰动图斑矢量图和生产建设项目防治责任范围矢量图的相关属性信息。对水土保持方案里无明确防治责任范围的项目进行GPS现场采点现场复核后，依据所采样点进行项目的防治责任范围的最终确定及上图。

（5）按照附录要求对合并和分割处理的图斑编号进行修改。

根据现场复核成果，补充完善生产建设项目防治责任范围矢量图层和扰动图斑的相关属性信息，项目类型填写项目所属行业，扰动类型分“新增”“续建”和“建成”3类，防治责任范围面积指项目批复的水土保持防治责任范围面积。对于需要进行合并和分割处理的扰动图斑，应重新进行图斑编号，并重新建立与相应生产建设项目的关联关系。

5. 质量要求

防治责任范围和扰动图斑的关联属性（如项目名称、水土保持方案批复文号、合规性等）应保持一致、不缺失。完成后应抽取10%的扰动图斑和防治责任范围进行审查，若合格率低于90%，需重新进行合规性分析，直至达到合格率要求。

## 7.6　总结报告成果

1. 成果内容

水土保持监管实施单位对生产建设项目扰动状况监管进行总结，主要内容包括工作开展情况、成果分析等。总结报告可命名为：+++（监管区域）××××年第QQ期生产建设项目水土保持遥感监管总结报告。

2. 报告提纲

可参考以下提纲编制总结报告。

1 工作概述

1.1 目标

1.2 工作任务

1.3 总体技术路线

1.4 实施依据

2 组织实施

2.1 组织机构

2.2 组织实施形式

2.3 质量管理

3 监管区域概况

3.1 自然概况

3.2 社会经济情况

3.3 水土保持状况

4 工作开展情况

4.1 资料收集与处理（含水土保持方案与遥感影像）

4.2 设计资料矢量化

4.3 解译标志建立

4.4 扰动图斑遥感勾绘及属性录入（扰动图斑更新）

4.5 现场复核

4.6 成果修正

4.7 成果总结与审核入库情况分析

5 成果分析

5.1 生产建设项目分析

5.2 生产建设项目扰动状况与合规性初步分析

6 经验及存在问题与建议

6.1 主要经验

6.2 存在问题

6.3 建议

3. 成果整理

将生产建设项目水土保持遥感监管成果资料进行整理，并按照以下存储方式进行存储。

（1）第一层目录“＋＋＋（监管区域）水土保持监管成果资料”，＋＋＋为监管区域名称。

（2）第二层目录按照图 7.6－1 中的方式存储数据。

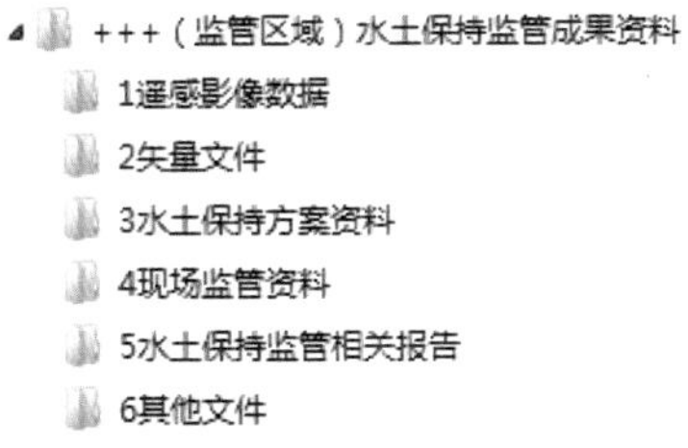

+++（监管区域）水土保持监管成果资料
- 1遥感影像数据
- 2矢量文件
- 3水土保持方案资料
- 4现场监管资料
- 5水土保持监管相关报告
- 6其他文件

图 7.6－1 生产建设项目水土保持遥感监管成果目录

# 第8章 监管工作流程

生产建设项目水土保持区域遥感监管工作流程主要包括准备工作、资料收集与预处理、防治责任范围上图与项目入库、扰动图斑遥感解译与合规性分析、现场复核与认定查处、项目总结与验收归档6个步骤。监管工作总体技术流程图如图8.1所示。

(1)准备工作。准备工作阶段为项目启动前的筹备阶段，主要完成项目技术方案编制和技术培训工作。具体包括开展监管区概况和已有资料分析、确定项目成果主要技术指标和规格、明确技术路线及工艺流程、制定质量保证措施和要求、确定人员职责、经费计划和进度计划等，并对项目参与人员尤其是技术人员进行培训，为项目实施奠定基础。

(2)资料收集与预处理。需要收集国家、省、市、县各级批复生产建设项目水土保持方案资料、批复文件、防治责任范围图、特性表等文件，所有文件需为电子版正式稿，若仅收集到纸质文件，需要进行数字化扫描。并按照统一格式和目录进行规范化存档，形成区域生产建设项目方案库，汇总形成项目整理清单，列出每项的项目名称、项目类型、建设单位、批复文号、批复机构、批复时间、防治责任范围等。

需要收集覆盖整个监管区域，满足时相、分辨率和质量要求的遥感正射影像。影像挑选时，尽量挑选有植被，无云或云量较少的影像，至少保证每年全覆盖一次以上，有条件的地区可采购多期高分辨率遥感影像，增加影像覆盖的期次。对收集到的影像进行辐射纠正、几何校正、融合、镶嵌等处理工作，形成满足项目要求的数字正射影像成果。

(3)防治责任范围上图与项目入库。对照数字正射影像成果，对本地区所有的部管、省管、市管、县管生产建设项目中的防治责任范围精准上图，无法上图的项目尽量开展现场调查，现场调查有困难的，可进行概略上图。最后，将整理检查合格后的水土保持方案资料、批复文件、矢量化防治责任范围图、特性表等文件上传全国水土保持监督管理系统，并在系统中对项目属性信息进行完整录入。

(4)扰动图斑遥感解译与合规性分析。针对水保方案中归纳的36种生产建设项目和新增的弃渣场，结合往年图斑解译和现场复核成果，对照本年度正射

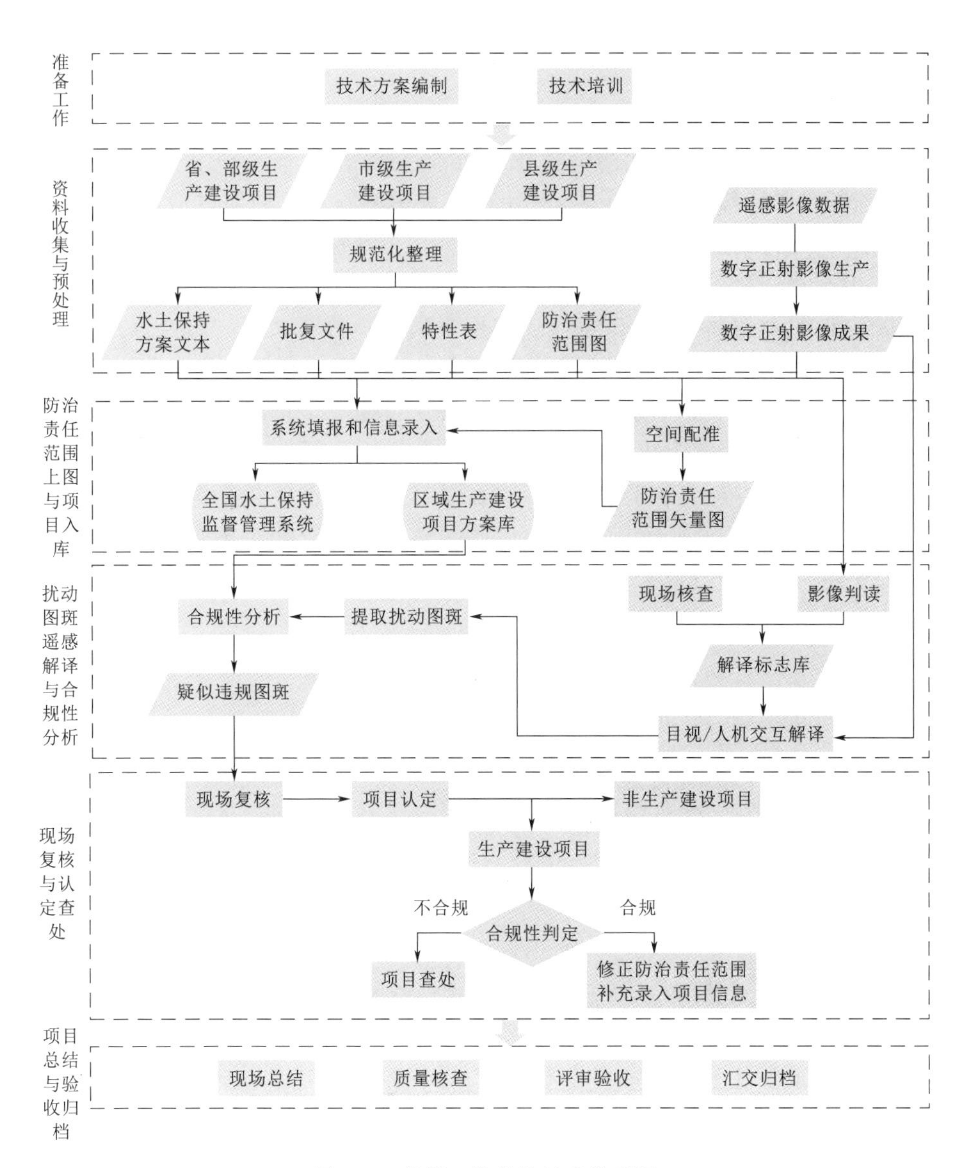


图 8.1 监管工作总体技术流程图

影像，进行内业解译，并逐一开展现场复核，拍摄样本照片，建立本地区解译标志库，用以指导图斑解译工作。项目时间要求紧张的，也可利用往年影像，结合往年现场复核照片制作解译标志。

基于遥感正射影像成果，结合解译标志，采用人机交互或者面向对象分类等解译方法，对满足指标的扰动图斑进行解译提取。经检验合格后，将解译的扰动图斑矢量图与已入库的生产建设项目水土保持防治责任范围矢量图等信息叠加分析，根据扰动图斑与防治责任范围的位置关系，初步判定扰动图斑合规性。

（5）现场复核与认定查处。首先，将合规性判定为疑似违规［包括未批先建、未批先弃（渣场）、超出防治责任范围、未批先变、未验先投、建设地点变更］的图斑部署到移动采集系统，利用移动采集系统对现场项目信息进行采集，并拍摄照片，对误判、合并、分割、边界修改、遥感影像实时性等对图斑进行修正。其次，将收集到的现场项目信息与区域生产建设项目方案库进行比对，对库中已有项目合规性进行认定，或利用空间叠加分析技术，对已入库生产建设项目防治责任范围现场信息进行检核，对未上图的防治责任范围图进行上图，对矢量化或属性录入有误的，进行修正。最后，完成全部现场核查图斑的合规性认定，对于其中认定为违规的项目，依法进行查处。

（6）项目总结与验收归档。编制项目总结报告，主要包括监管工作开展情况、成果分析、主要经验、问题和建议等。邀请行业专家对项目数据进行全面审核和把关，并对项目成果评审验收。通过审核和验收后，按照规范目录对项目成果进行整理和汇交存档。

# 第3篇

# 技术实践篇

# 第9章 准 备 工 作

## 9.1 方案编制

为保障监管工作顺利推进，项目启动前，应编制相对应的实施方案，从目标要求、工作内容、方式方法及工作步骤等做出全面、具体而又明确的安排和设计，确保项目技术路线、任务安排和保障措施切实可行，保证项目成果符合技术标准、满足项目要求。具体编制格式和要求，可参考《测绘技术设计规定》（CH/T 1004—2005），主要可包含如下内容：

（1）项目概述。说明项目来源，内容和目标、作业区范围和行政隶属，任务量、完成期限、项目承担单位和成果接收单位等。

（2）区域概况。说明与项目开展过程有关的作业区自然地理概况，内容可包括作业区的地形概况、地貌特征、居民地、道路、水系、植被等要素的分布与主要特征、地形类别、困难类别、海拔高度、相对高差、作业区的气候特征等。

（3）已有资料。说明项目已有资料的数量、形式，主要质量情况（包括已有资料的主要技术指标和规格等）和评价，说明已有资料利用的可能性和利用方案等。

（4）参考文件。说明项目设计书编写过程中所引用的标准、规范或其他技术文件。文件一经引用，便构成项目设计书设计内容的一部分。

（5）成果要求。说明成果的种类及形式，坐标系统、高程基准、比例尺、分带、投影方法，数据基本内容，数据格式、数据精度以及其他技术指标等。

（6）技术路线。说明项目实施的主要生产过程和这些过程之间输入、输出的接口关系。必要时，应用流程图或其他形式清晰、准确地规定出生产作业的主要过程和接口关系。

（7）质量保障。内容主要包括：组织管理措施，规定项目实施的组织管理和主要人员的职责和权限。资源保证措施，对人员的技术能力或培训的要求；对软、硬件装备的需求等。质量控制措施，规定生产过程中的质量控制环节和产品质量检查，验收的主要要求。数据安全措施，规定数据安全和备份方面的要求。

(8) 进度计划。根据设计方案，分别计算统计各工序的工作量。根据统计的工作量和计划投入的生产实力，参照有关生产定额，分别列出年度进度计划和各工序的衔接计划。

(9) 附录。其内容包括：需进一步说明的技术要求，有关的设计附图、附表。

## 9.2 技术培训

项目实施前，应开展必要的培训工作，以统一技术要求。技术培训应覆盖所有技术环节，主要包括遥感影像选取、正射影像生产、方案资料收集与整理、防治责任范围矢量化、解译标志制作、扰动图斑提取、合规性判定、现场复核、项目认定与查处等工作流程和要求。技术培训应覆盖全部生产技术人员，必要时应对培训结果进行考核，实行考核后上岗方式。项目启动前，还需开展必要的安全生产和保密培训。

除准备工作阶段外，项目培训应贯穿整个监管工作的全部流程。项目实施过程中，针对发现的问题、技术路线偏移和最新项目要求等情况，应定期或不定期组织培训，统一技术处理原则。项目完成后，可及时组织总结培训，对项目过程中存在的问题和好的技术方法进行总结，为其他项目或下一轮项目工作提供经验。

# 第10章　资料收集与预处理

## 10.1　水土保持方案资料收集与整理

1. 资料收集内容

应尽量收集监管区域范围内历年批复的全部省级、市级、区（市、县）级批复项目。资料收集内容包括水土保持方案报告书（批复稿）、报告表、批复文件、防治责任范围图等。根据有关规定，水行政主管部门审批水土保持方案实行分级审批制度，生产建设项目水土保持监管工作由四川省、各市州和县级机构协同完成。因此，生产建设项目水土保持方案相关资料，具体按如下方式分级分类收集：

（1）省级批复项目资料主要联系四川省水利厅水土保持处和原四川省水土保持局等部门，对近年来监管区所有省批生产建设项目清单并逐一收集，资料不全时，根据相关信息进一步联系建设单位和水土保持方案编制单位等补充。

（2）市级批复项目资料主要联系成都市水利水保监测中心（成都市水务技术服务中心），获取近年来所有市批生产建设项目清单并逐一收集，资料不全时，根据相关信息联系建设单位和水土保持方案编制单位等补充。

（3）区（市、县）级批复项目资料由各区（市、县）水行政主管部门或行政审批局等，资料不全时，根据相关信息进一步联系建设单位和水土保持方案编制单位等补充。

上述资料尽量直接收集电子版，若只能收到纸质版时，应通过扫描等工作以实现数据资料电子化。为方便资料统一收集和后期整理，在收集资料的同时，可同步填写资料收集清单（表10.1）。

2. 资料收集注意事项

（1）电子资料按原格式存储；纸质版资料应扫描方案特性表、防治责任范围图和水土保持方案批复文件等，图件资料扫描要求彩色，分辨率300dpi，清晰无变形，以JPG格式存储；文字资料扫描后清晰可辨，以PDF格式存储。

（2）命名时，如批复文号和项目名称中存在“/”“[]”等特殊字符导致无法保存的情况，将特殊符号删除，并新增备注文件进行说明。

表 10.1 资料收集清单模板

| 项目名称 | | | |
| --- | --- | --- | --- |
| 建设单位 | | | |
| 监测单位 | | | |
| 监理单位 | | | |
| 验收单位 | | | |
| 批复文号 | | 批复机构 | |
| 项目类型 | (从36类中选取) | 批复时间 | |
| 防治责任范围 | (经纬度范围或"四至") | | |
| 资料收集清单(已收集的画√) | 水土保持方案报告书或报告表 | | |
| | 水土保持方案批复文件 | | |
| | 水土保持方案特性表 | | |
| | 防治责任范围图 | | |
| 其他如有亦可一并收集的资料(已收集的画√) | 水土保持监测总结报告或年报 | | |
| | 水土保持监理总结报告或年报 | | |
| | 水土保持验收总结或自验报告 | | |

(3)在资料收集过程中如果缺失材料，需列出缺失资料名称；如水土保持方案无电子版，档案中仅有纸质版，请拍摄或扫描项目方案的首页、目录、项目概况，以及防治责任范围及防治分区章节，并将拍摄的水保方案中所有相关内容组合为一个完整的PDF文件。

(4)如果批复文件与特性表没有电子版，也可采用拍摄照片方式。

(5)防治责任范围图必须提交扫描件，以便于后期上图的空间配准。

3. 资料整理注意事项

在完成水土保持方案和批复资料的收集之后，按照水利部水土保持司印发的《生产建设项目水土保持信息化监管技术规定(试行)》和四川省水土保持局印发的《四川省生产建设项目水土保持"天地一体化"监管实施方案》的相关规定，对项目方案资料进行规范化整理和存储。以市一级区域监管为例，资料存储目录体系如下：

(1)一级目录：一级目录命名为"××市××年度生产建设项目水土保持信息化区域监管水土保持方案资料"，如"成都市2020年度生产建设项目水土保持信息化区域监管水土保持方案资料"，一级目录文件夹中包含内容为省、市、县三级方案资料文件夹二级目录。

(2)二级目录：二级目录分别命名为"省批水土保持方案资料""市批水土

保持方案资料”和“县（市、区）批水土保持方案资料”，“县（市、区）批水土保持方案资料”二级目录下存放各区县水土保持方案资料三级目录。

（3）三级目录：三级目录命名规则为“××县（市、区）水土保持方案资料”，如“蒲江县水土保持方案资料”，三级目录下存放项目方案四级目录。

（4）四级目录：四级目录下分别建立一个索引表和五级目录文件夹，索引表命名为“××县（市、区）县批生产建设项目水土保持方案资料索引表”，该表主要用于对三级目录下内容的汇总和索引，可按照批复文号排序，具体格式见表10.2。

**表10.2　　水土保持方案资料索引表模板**

| 序号 | 项目名称 | 建设单位 | 批复文号 | 批复机构 | 批复时间 | 资料收集情况 |
|---|---|---|---|---|---|---|
| 1 | 成都金青路110千伏输变电新建工程 | 成都电业局 | 成水务审批〔2012〕水保12号 | 成都市水务局 | 2012年7月27日 | （留空表示资料齐全） |
| 2 | | | | | | |
| …… | …… | …… | …… | …… | …… | |

（5）五级目录：目录命名规则为“批复文号＋项目名称”，其中省批和县（市、区）项目根据命名规则直接命名，市批项目可根据是否跨县（市、区）命名为“批复文号＋跨县/县内＋项目名称”，以方便区分。四级目录文件夹中一般应包括生产建设项目水土保持方案报批稿、生产建设项目防治责任范围图、生产建设项目批复文件、生产建设项目水土保持方案工程特性表4个文件，其命名方式和格式要求为：

1）水土保持方案报批稿的命名方式为“批复文号＋生产建设项目名称＋FA”，格式为PDF或Word。

2）防治责任范围图的命名方式为“批复文号＋生产建设项目名称＋FW”，格式为Shapefile、DWG或JPG。

3）方案批复文件的命名方式为“批复文号＋生产建设项目名称＋PF”，格式为PDF。

4）水土保持方案特性表的命名方式为“批复文号＋生产建设项目名称＋TX”，格式为PDF。

图10.1-1为整理后的水土保持方案资料存储目录。

4. 资料整理常用软件工具

资料整理过程中，常用软件包括Adobe Acrobat Reader、Microsoft Office、AutoCAD等。

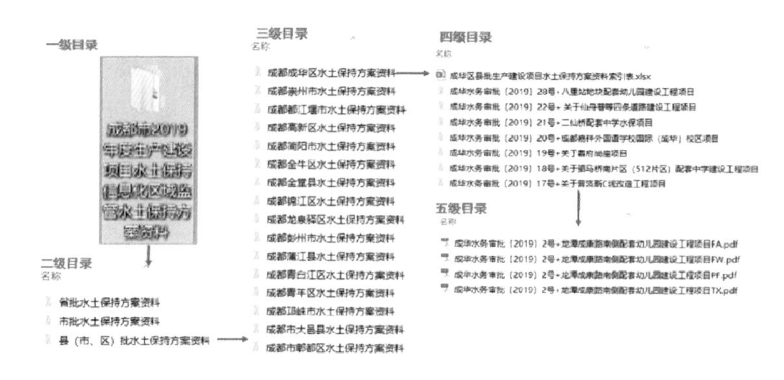


图 10.1-1 整理后的水土保持方案资料存储目录

## 10.2 遥感影像获取与生产

1. 影像收集要求

区域监管工作优先选用包括蓝光、绿光、红光、近红外波段的可见光遥感影像，遥感影像获取的具体要求如下：

（1）时相要求：影像获取时间为监管工作当年的影像，当一年开展多期监管工作时，所使用的影像可按半年、按季度甚至按月获取。同时存在不同时相（时相差异超过1个月）和不同分辨率的影像时，优先获取时相更新的影像；在时相相当（时相差异不超过1个月）的情况下，优先获取分辨率更优的影像进行保障。

（2）分辨率要求：区域监管原则上应使用空间分辨率优于2m分辨率的遥感影像，有条件的地区，尽量选用空间分辨率优于1m的影像。

（3）云量要求：云量少（优先采用晴空影像，云量不超过5%），四川省三个自治州及部分无5%云量覆盖地区可放宽至20%左右。

（4）色调要求：要求影像没有坏行、缺行，没有条带、斑点噪声和耀斑，图像清晰，地物层次分明，色调均一，同一县级行政区，数据源尽可能统一。

（5）附件要求：头文件应齐全，包括影像拍摄时间、传感器类型、太阳高度角、太阳辐照度、中心点经纬度等。

2. 影像收集策略

当前我国卫星遥感影像获取能力大幅提升，国产卫星遥感影像成果可基本满足区域监管工作要求，可选择向测绘地理信息主管部门申请或向卫星影像代理商采购等方式获取。在影像来源上，优先统筹获取资源三号、高分系列、北京二号等国产公益卫星遥感影像；当国产公益卫星遥感影像无法满足要求时，补充采购高景一号、吉林一号等国内商业卫星遥感影像，局部特殊困难地区可

考虑采购国外商业卫星影像作为补充。常见卫星影像类型及分辨率见表10.3。

表10.3 常见卫星影像类型及分辨率

| 卫星类型 | 卫星名称 | 卫星编号 | 分辨率/m | |
|---|---|---|---|---|
| | | | 全色 | 多光谱 |
| 国产公益卫星 | 资源一号02C星 | (ZY02C) | 5 | 10 |
| | 资源一号02D星 | (ZY02D) | 2.5 | 10 |
| | 资源三号01/02/03星(三颗) | (ZY301、02、03) | 2.1 | 5.8 |
| | 高分一号卫星及B/C/D星座(四颗) | (GF1及GF1B、C、D) | 2 | 8 |
| | 高分二号卫星 | (GF2) | 1 | 4 |
| | 高分六号卫星 | (GF6) | 2 | 8 |
| | 高分七号卫星 | (GF7) | 0.8 | 3.2 |
| | 北京二号 | BJ2 | 1 | 4 |
| 国内商业卫星 | 高景一号 | GJ1 | 0.5 | 2 |
| | 吉林一号 | JL1 | 0.72 | 2.88 |
| 国外商业卫星 | WorldView-1/2/3/4 | WV1、WV2、WV3、WV4 | 0.31 | 2 |
| | Quickbird | QB | 0.61 | 2.44 |
| | GeoEye-1 | GE1 | 0.5 | 2 |
| | IKONOS | IK0 | 1 | 4 |

3. 影像生产技术流程

利用影像获取单位提供的控制和数字高程(Digital Elevation Model,DEM)资料,对全色影像匹配控制点,结合影像RPC进行全色影像外参数解算,然后使用解算的外参数和DEM数据进行全色影像正射纠正,再利用纠正后的全色影像对多光谱波段影像进行配准纠正,同时生产元数据及投影信息文件,经过检查、验收形成整景正射影像及元数据成果。卫星影像正射纠正作业流程如图10.2-1所示。

(1)全色波段影像正射纠正:以影像获取单位提供的像控资料(平面精度1~2个像素),对全色影像进行控制纠正;参与外参数解算的控制点在整景影像上应均匀分布;当景与景之间有一定重叠范围时,在影像重叠区域选取一定数量的共用控制点,以提高影像接边的精度;正射纠正时重采样采用双线性插值或卷积立方的方式,纠正后影像分辨率统一设置为2m;纠正过程中不得对影像的灰度和反差进行拉伸,不改变像素位数;当单景卫星影像跨两个投影带时,应将影像分布较多的投影带作为整景纠正的投影带。

(2)多光谱卫星影像配准:以纠正好的全色影像为控制基础,匹配同名点

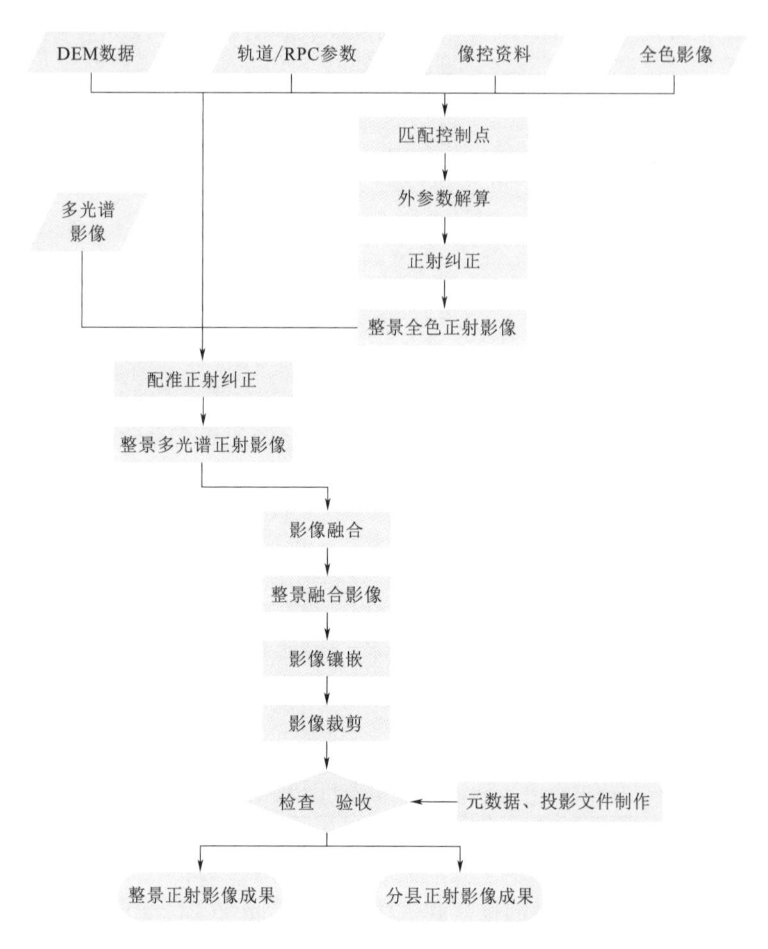


图10.2-1 卫星影像正射纠正作业流程

对多光谱影像进行外参数解算；多光谱与全色影像间的同名点量测要求精确到子像素精度；纠正后全色、多光谱影像之间的配准精度不得大于1个像素（多光谱影像上），如达不到配准精度要求，应增加控制点重新纠正；纠正后影像的光谱信息和像素位数与原始影像保持一致；纠正后多光谱正射影像投影信息和其对应全色影像保持一致。

（3）影像融合：只对同轨同时相全色影像和多光谱影像进行融合；可采用PANSHARP法、比值法、加权相乘法或IHS变换法等，对纠正影像成果进行融合；融合后影像色彩自然，层次丰富，反差适中；影像纹理清晰，无影像发虚和重影现象；融合后的影像分辨率与全色波段影像分辨率保持一致。

（4）图像增强处理：对整景真彩色融合影像成果进行必要的增强处理；整景影像由于地形原因引起的正射影像拉伸不需处理；整景真彩色融合影像数据

为单通道8位，彩色影像为3通道24位。原始影像每个波段（通道）不是8bit编码的，需要做降位处理，每个像元统一转换为Unsigned8-bit，即影像灰度值介于0～255。

（5）图像镶嵌和裁剪处理：对增强后的遥感影像，按区县进行镶嵌拼接，数据镶嵌时，按时相顺序进行选取，确保使用最新时相的影像。影像镶嵌后，以县级行政区划外扩500m范围对镶嵌的影像进行裁剪，形成分县正射遥感影像成果。

（6）附件制作：制作整景正射影像投影信息文件，并填写元数据信息。

（7）精度检测：利用影像获取单位提供的检核点进行精度检查，正射影像成果平面精度按要满足项目精度要求。

4. 影像生产常用软件工具

目前主流的遥感图像处理软件中，国际上最通用的有加拿大PCI Geomatica公司开发的GXL软件、美国ERDAS公司开发的ERDAS Imagine以及美国Exelis Visual Information Solutions公司开发的ENVI。国产遥感图像处理软件主要有原地矿部三联公司开发的RSIES、国家遥感应用技术研究中心开发的IRSA、中国林业科学研究院与北大遥感所联合开发的SARINFORS、中国测绘科学研究院研发的PixelGrid软件、中国测绘科学研究院与四维公司联合开发的CASM ImageInfo等。

# 第 11 章　防治责任范围上图与项目入库

## 11.1　防治责任范围上图

1. 上图分类

防治责任范围上图时，首先进行防治责任范围分类，以确定是否具有直接上图条件。对收集的生产建设项目水土保持方案相关资料中的水土流失防治责任范围设计图件和文字描述进行汇总归类。表 11.1 为防治责任范围上图条件对照表。

**表 11.1　　防治责任范围上图条件对照表**

| 有无防治责任范围图 | 上图条件 | 是否满足上图要求 | 整　改　要　求 |
| --- | --- | --- | --- |
| 有防治责任范围图 | 有足够特征点 | 可上图 | — |
|  | 无足够特征点 | 无法上图 | 提交满足上图要求的资料 |
| 无防治责任范围图 | — | 无法上图 | 提交满足上图要求的资料 |

2. 上图方法

如收集到的防治责任范围设计图有足够特征点，且图件清晰，能实现配准作业，则认为满足直接上图条件；否则，认为不满足直接上图条件。对于不满足直接上图要求的防治责任范围图，应积极联系相应审批机构与建设单位、设计单位，尽量重新收集满足上图要求的资料，完成防治责任范围上图。实际防治责任范围上图中通常遇到表 11.2 中的 5 种主要情况，不同情况下的防治责任范围图可采用不同方法上图。

3. 上图技术流程

在实际工作中，带有准确坐标数据和拥有拐点处准确坐标数据的防治责任范围图往往较少，而后几种情况则相对较为常见。对于这些情形，均需选择图幅上的典型地物点或特征点作为控制点，完成防治责任范围图配准，然后才能进行防治责任范围边界勾绘。图 11.1－1 为防治责任范围图上图技术流程图。

表 11.2　　不同类型防治责任范围图上图方法

| 序号 | 防治责任范围资料情况 | 上图处理方法 |
| --- | --- | --- |
| 1 | 带准确坐标数据的防治责任范围图 | 可直接通过坐标转换公式，计算获得上图坐标，直接成图 |
| 2 | 有防治责任范围图拐点的坐标、且边界较简单规整 | 可根据坐标直接将拐点上图，再根据拐点勾绘防治责任范围边界 |
| 3 | 有防治责任范围扫描图，且周边明显的特征地物点 | 可以道路交叉点等为控制点，校正防治责任范围扫描图，再勾绘边界 |
| 4 | 具有公里网的防治责任范围扫描图 | 可选择以公里网交汇点为控制点，校正防治范围扫描图，再勾绘边界 |
| 5 | 无坐标信息，但有道路名称等辅助信息的防治责任范围扫描图 | 可根据辅助信息校正防治责任范围扫描图，再勾绘边界 |

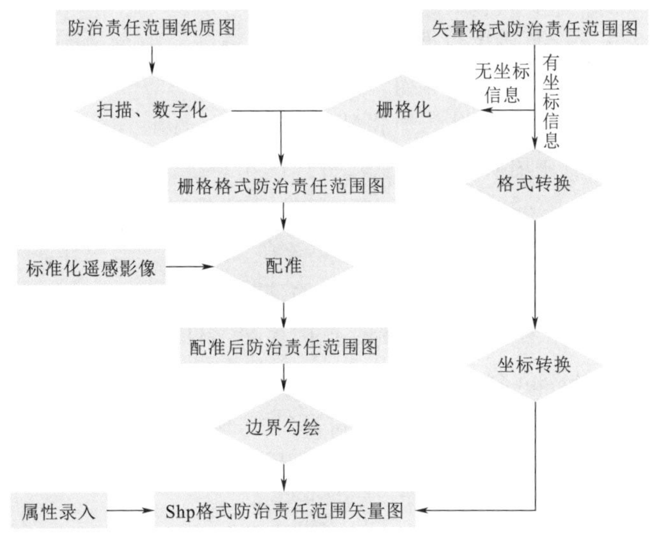


图 11.1-1　防治责任范围图上图技术流程图

（1）防治责任范围勾绘。对于有足够坐标控制点的防治责任范围图，采用如下方式：

获取 JPG 格式的防治责任范围栅格图。对于纸质水土保持方案而言，须通过扫描等方式获取；对于电子格式水土保持方案而言，则通过格式转化等方式获得 JPG 格式防治责任范围图。

依据水土保持方案资料获取项目区大致位置，并在高分辨遥感影像中确定项目区位置。

对照防治责任范围栅格图和遥感影像图，通过选择典型同名地物点或特征点作为坐标控制点，完成防治责任范围图的配准工作。为保证配准经度，坐标控制点尽量选取易于辨认的典型固定地物的交叉点，如道路交叉点和桥梁点等，且坐标控制点尽量均匀分布，每个防治责任范围的坐标控制点不少于4个。

根据配准后的防治责任范围图，勾绘防治责任范围边界，获得防治责任范围矢量图件。

（2）防治责任范围示意性上图。针对部分项目防治责任范围图缺失，未动工等原因导致防治责任范围特征点不足，有特征点但防治责任范围为示意性范围等情况，采用如下方式：

1）对于拥有足够特征点，但防治责任范围图为示意性质的情况，按照特征点信息正常进行坐标配准和防治责任范围边界勾绘等工作，但在填写属性信息时备注“示意性防治责任范围图”。这部分生产建设项目主要为线性项目，包括一些道路工程、输变电线路、河渠沟道治理工程等，造成防治责任范围图为示意性的主要原因是工程长度较长，宽度较窄，因而无法准确展示。

2）对于防治责任范围图没有足够特征点的情况，应积极根据水土保持方案资料中有关地理位置的资料以及项目地理位置图、项目平面图和防治责任范围图的相关信息，结合遥感影像的地物特征，并通过外业作业方式，完成防治责任范围边界勾绘，但在填写属性信息时备注“示意性防治责任范围图”。

3）对于缺失水土保持方案和防治责任范围图的项目，应积极通过水行政主管部门向建设单位、设计单位等多方搜集，争取实现上图工作。对实在因无法获得资料而导致补能上图的项目，做好相关信息记录。

（3）属性信息录入。获得防治责任范围矢量文件后，在ArcGIS中采用Project命令，定义或转换为统一的CGCS2000坐标系，文件为Shapefile格式。然后，在ArcGIS中加载防治责任范围矢量文件，采用Attribute命令添加属性表，并依据所属生产建设项目的水土保持方案相关资料，逐一添加各条属性内容，主要录入的属性及其要求见表11.3。

**表11.3　　防治责任范围矢量文件属性表及其填写要求**

| 序号 | 属性字段 | 填　写　要　求 |
|---|---|---|
| 1 | 项目名称 | 填写水土保持方案批复文件上的正式名称 |
| 2 | 建设单位 | 填写水土保持方案批复文件上的建设单位名称 |
| 3 | 项目类型 | 填写项目所属的行业类型 |
| 4 | 批复机构 | 填写水土保持方案批复文件上的批复机构名称 |
| 5 | 批复文号 | 填写水土保持方案批复文件上的批复的文号 |
| 6 | 批复时间 | 填写批复文件下达的时间 |
| 7 | 责任面积 | 填写批复文件上的责任面积 |

续表

| 序号 | 属性字段 | 填 写 要 求 |
| --- | --- | --- |
| 8 | 组成部分 | 填写防治责任范围图各个组成部分，如“路基区”“桥梁区”“施工便道区”“弃渣场”“取土场”“尾矿库”“贮灰场”等。如果某组成部分有多个多边形，则应进行编号，例如“弃渣场1号”“弃渣场2号” |
| 9 | 面积 | 填写项目各个组成部分独立多边形的图上面积 |
| 10 | 备注 | 主要填写弃渣场的设计容量、取土场的设计取土量，以及其他需要特别说明的内容 |

4. 防治责任范围图上图常用软件工具

主要采取R2V和ArcGIS软件进行防治责任范围上图工作。R2V是一款专门用于栅格文件坐标配准和矢量化的小型数字化软件工具，ArcGIS则是应用最为广泛的专业地理信息系统软件，也具有坐标配准和校正等工作，二者均是地理信息系统和遥感专业应用较为广泛的软件。

## 11.2 项目入库

根据水利部要求，各地水土保持方案资料均应录入水利部“全国水保监督4.0系统”，全国水保监督4.0系统是以生产建设项目的水土保持监督业务的管理为核心，集水土保持方案管理、项目实施、监督检查、监测监理、设施验收、补偿费征收、行政执法、查询统计等各项功能为一体的管理信息系统。图11.2-1为全国水土保持监督管理系统登录界面示意图。

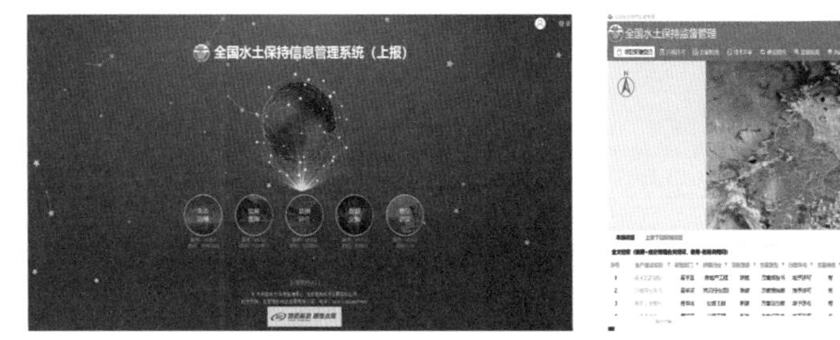


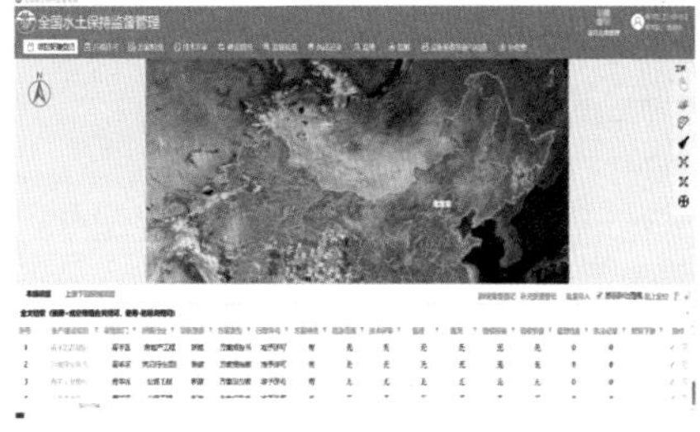


图11.2-1 全国水土保持监督管理系统登录界面示意图

1. 资料准备

录入系统时，需分项目录入，因此首先分类备好遥感影像、水土保持方案资料、遥感调查与现场复核成果防治责任范围图和其他成果资料。信息填报需准备的内容与格式要求见表11.4。

**表 11.4　　信息填报需准备的内容与格式要求**

<table>
<tr><th>录入清单序号</th><th colspan="2">成 果 内 容</th><th>格 式</th></tr>
<tr><td>1</td><td colspan="2">遥感影像</td><td>TIFF</td></tr>
<tr><td rowspan="4">2</td><td rowspan="4">水土保持<br>方案资料</td><td>水土保持方案</td><td>Word 或者 PDF</td></tr>
<tr><td>方案批复文件</td><td>PDF</td></tr>
<tr><td>方案特性表</td><td>按系统界面录入</td></tr>
<tr><td>防治责任范围扫描图</td><td>JPG</td></tr>
<tr><td rowspan="4">3</td><td rowspan="4">遥感调查与现场<br>复核成果</td><td>扰动图斑矢量图</td><td>Shapefile</td></tr>
<tr><td>防治责任范围矢量图</td><td>Shapefile</td></tr>
<tr><td>监管示范复核信息表</td><td>按系统界面录入</td></tr>
<tr><td>现场照片</td><td>JPG</td></tr>
<tr><td>4</td><td colspan="2">其他成果资料</td><td>JPG 或者 PDF</td></tr>
</table>

2. 项目受理登记

系统登录后，首先对未填报的项目进行登记，填写批复的项目名称，有立项编号（发改委项目编码，方案受理时生成的方案编号）的，同步填入立项编码，审批部门由系统登录账号自动识别。项目受理登记界面示意图如图 11.2－2 所示。

图 11.2－2　项目受理登记界面示意图

3. 行政许可登记

项目受理登记后，填报项目批复许可信息，若项目编制有水土保持方案，则填写许可类型为“审批制”；若项目仅编制了报告表，则填写许可类型为“承诺制”，并填写批复单位、批复时间、批复文号，并上传PDF格式的批复文件（表11.5）。以上条目为必选文件，除此之外还可录入公示网址、后续设计文件、补偿费减免额、补偿费减免依据等文件。图11.2－3为行政许可登记界面示意图。

**表11.5　　　　项目行政许可登记需填报的内容与说明**

| 序号 | 填报内容 | 单位/格式 | 填 报 说 明 | 必 填 项 |
|---|---|---|---|---|
| 1 | 批复单位 | | 批复单位的名称 | 必填 |
| 2 | 批复时间 | | 项目批复的时间 | *为必填，批复时间是分年度统计项目的依据 |
| 3 | 批复文号 | | 项目批复的文号 | 必填 |
| 4 | 批复文件 | PDF | 项目批复文件电子版附件 | 必填 |
| 5 | 后续设计文件 | PDF | 项目后续设计文件电子版附件 | |

图11.2－3　行政许可登记界面示意图

4. 方案特性填报

（1）基本信息填报：填报了项目行政许可后，可录入项目方案特性信息（图11.2－4），按照系统提供的表格，逐项录入基本情况、涉及区域、建设单位信息表，填写要求见表11.6。

图 11.2-4　方案特性填报界面示意图

**表 11.6　　项目方案特征填报的内容与说明**

| 类型 | 填报内容 | 单位/格式 | 填　报　说　明 | 必填项 |
|---|---|---|---|---|
| 基本情况 | 项目名称 | | 生产建设项目名称 | 必填，项目是否存在的依据 |
| | 发改委项目编码 | | 方案受理时生成的方案编号 | |
| | 方案审批部门 | | 审批当前水保方案的部门级别 | 必填 |
| | 项目所属行业 | | 生产建设项目所属的行业 | 必填 |
| | 项目类型 | | 项目属于建设类或建设生产类 | 必填 |
| | 项目性质 | | 生产建设项目性质 | 必填 |
| | 工程总投资 | 万元 | 方案中工程总投资金额 | 必填 |
| | 土建投资 | 万元 | 方案中土建投资金额 | 必填 |
| | 计划开工时间 | 日期 | 方案中项目计划开工日期 | 必填 |
| | 计划完工时间 | 日期 | 方案中项目计划完工日期 | 必填 |
| | 建设地点 | | 项目建设所在地 | 必填 |
| | 项目规模 | | 生产建设项目具体规模 | |
| | 项目示意位置 | 经纬度坐标 | 标示项目的示意性位置，一般用示意点表示，用于项目的总体分布地图展示 | 必填 |

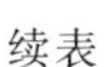

续表

| 类型 | 填报内容 | 单位/格式 | 填 报 说 明 | 必填项 |
| --- | --- | --- | --- | --- |
| 涉及区域 | 流域机构、省、市、县 | | 项目建设涉及的各个区域 | ★必填，下级检索上级批复项目的依据 |
| 建设单位 | 单位名称 | | 项目建设单位全称 | 必填 |
| | 单位地址 | | 项目建设单位地址 | 必填 |
| | 单位邮编 | | 项目建设单位所在地邮政编码 | |
| | 法定代表人 | | 项目建设单位法定代表人 | |
| | 项目联系人 | | 项目建设单位中负责该项目的联系人 | 必填 |
| | 项目联系人电话 | | 负责该项目的联系人的电话号码 | 必填 |
| | 项目联系人邮箱 | | 负责该项目的联系人的电子邮箱 | |

（2）特征信息填报：填报完项目基本信息后，可录入项目特性信息（图11.2－5），按照系统提供的表格，逐项录入特性信息、防治责任范围与分区、项目组成、防治目标、项目费用、方案编制单位、图件等内容，填写要求见表11.7。

图11.2－5 特征信息填报界面示意图

**表 11.7　项目方案特征填报的内容与说明**

| 类型 | 填报内容 | 单位/格式 | 填报说明 | 必填项 |
| --- | --- | --- | --- | --- |
| 特性信息 | 受理日期 | | 方案受理的时间 | 必填，统计有无方案信息的依据 |
| | 原地貌土壤侵蚀 | $t/(km^2 \cdot a)$ | 原地貌土壤侵蚀模数 | 必填 |
| | 项目建设区面积 | $hm^2$ | 项目建设用地、征地范围 | 必填 |
| | 扰动地表面积 | $hm^2$ | 工程建设对地表产生扰动的面积范围 | |
| | 损毁水保设施面积 | $hm^2$ | | |
| | 建设期水土流失预测量 | t | 项目建设期间预测水土流失量 | |
| | 预测水土流失量 | t | | |
| | 措施减少水土流失量 | t | 防治措施减少的水土流失量 | |
| | 弃渣量 | $m^3$ | 项目建设过程中产生的弃渣量 | |
| | 新增水土流失主要区域 | | 项目建设过程中新增的水土流失区域 | |
| | 涉及防治区 | | 项目建设涉及的防治区类型 | |
| | 方案报告书 | PDF | 水土保持方案报告书或报告表电子版附件 | 必填 |
| 防治责任范围与分区 | 防治责任范围 | | 项目建设单位依法应承担水土流失防治义务的区域 | 必填 |
| | 弃土弃渣场 | | 项目建设过程中产生的弃土、弃石、弃渣量 | 必填 |
| | 防治分区与措施配置 | | 项目区内不同功能的分区和措施量、措施位置 | |
| 项目组成 | 建设区域 | | 项目建设区 | 必填 |
| | 长度 | m | 建设区域长度 | |
| | 面积 | $hm^2$ | 建设区域面积 | |
| | 挖方量 | 万 $m^3$ | 建设区域挖土量 | |
| | 填方量 | 万 $m^3$ | 建设区域填方量 | |
| | 借方量 | 万 $m^3$ | 建设区域借方量 | |
| | 弃方量 | 万 $m^3$ | 建设区域弃方量 | |
| 防治目标 | 扰动土地整治率 | % | | |
| | 水土流失总治理度 | % | 项目建设期间水土流失治理面积百分比 | |

续表

| 类型 | 填报内容 | 单位/格式 | 填 报 说 明 | 必填项 |
|---|---|---|---|---|
| 防治目标 | 土壤流失总控制比 | % | 项目建设区内扰动土地整治面积占扰动土地总面积的百分比 | |
| | 拦渣率 | % | 项目建设区内采取措施实际拦挡的弃土（石、渣）量与工程弃土（石、渣）总量的百分比 | |
| | 植被恢复系数 | % | | |
| | 林草覆盖率 | % | 植被面积占区域土地面积的百分比 | |
| 项目费用 | 水保总投资 | 万元 | | 必填 |
| | 工程措施费 | 万元 | | 必填 |
| | 植物措施费 | 万元 | | 必填 |
| | 临时措施费 | 万元 | | 必填 |
| | 补偿费 | 万元 | | 必填 |
| | 独立费 | 万元 | | 必填 |
| | 监理费 | 万元 | | 必填 |
| | 监测费 | 万元 | | 必填 |
| 方案编制单位 | 编制单位 | | 方案编制单位名称 | 必填 |
| | 水平评价单位等级 | | 方案编制单位等级 | 必填 |
| | 单位地址 | | 方案编制单位地址 | |
| | 法定代表人 | | 方案编制单位法人代表 | |
| | 单位联系人 | | 方案编制单位联系人 | 必填 |
| | 单位联系人电话 | | 方案编制单位联系人电话 | 必填 |
| | 单位联系人邮箱 | | 方案编制单位联系人邮箱 | |
| 图件 | 图件名称 | | 上传的图件名称 | |
| | 图件文件 | 图片格式/PDF | 图件电子版附件 | 必填 |

在图 11.2-5 界面里找到防治责任范围上传，按系统要求将 CGCS2000 坐标系统的防治责任范围矢量文件与扰动图斑矢量文件上传，上传后防治责任范围和扰动图斑将叠加出现在影像中的相应地理位置。图 11.2-6 为查看上传的防治责任范围界面示意图。

5. 技术评审填报

填报完项目特征信息后，继续录入技术评审信息（图 11.2-7），按照系统提供的表格，逐项录入技术审查单位、会议时间、是否现场检查、审查意见发文时间、审查意见、参会人员等内容，具体填写要求见表 11.8。

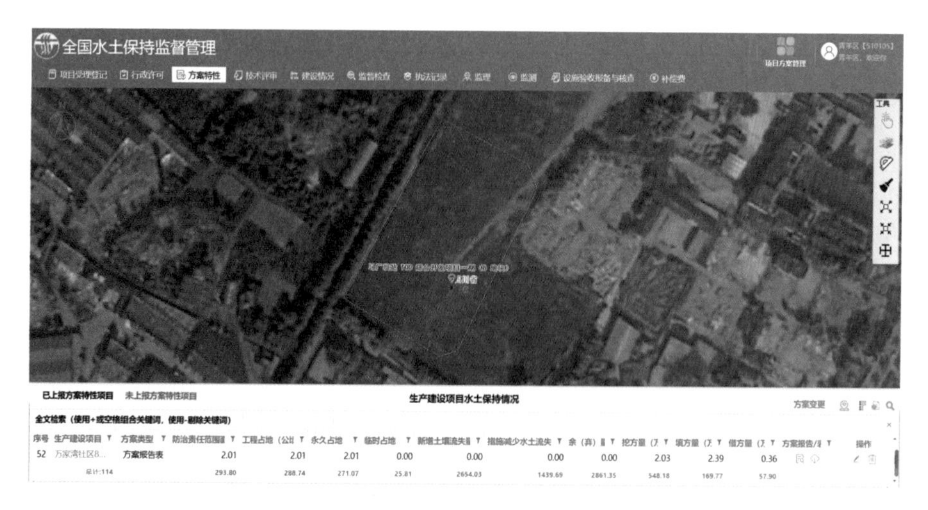


图 11.2-6　查看上传的防治责任范围界面示意图

测试项目1
* 技术审查单位：
不需要开展评审（以下信息不需填报）
* 单位统一社会信用代码：
* 会议时间：会议开始时间 ~ 会议结束时间
是否现场检查：请选择
审查意见发文时间：审查意见发文时间
* 审查意见（pdf）：暂无文件，请上传文件
参会人员（pdf）：暂无文件，请上传文件
保存

图 11.2-7　技术评审填报界面示意图

**表 11.8　　项目技术评审填报的内容与说明**

| 序号 | 填报内容 | 单位/格式 | 填报说明 | 必填项 |
|---|---|---|---|---|
| 1 | 技术审查单位 | — | 技术审查单位名称 | 必填，统计有无技术审查信息的依据 |
| 2 | 会议时间 | — | 技术审查会议时间 | 必填 |
| 3 | 是否现场检查 | — | 选择是否是现场检查 | — |
| 4 | 审查意见发文时间 | — | 审查意见发文的具体时间 | — |

续表

| 序号 | 填报内容 | 单位/格式 | 填 报 说 明 | 必 填 项 |
|---|---|---|---|---|
| 5 | 审查意见 | PDF | 审查意见电子版附件 | 必填 |
| 6 | 参会人员 | PDF | 参会人员电子版附件 | 必填 |

6. 项目补偿费录入

在补偿费征收界面（图 11.2-8）中，根据项目方案中补偿费信息和实际缴纳情况，填写相应信息（表 11.9）。

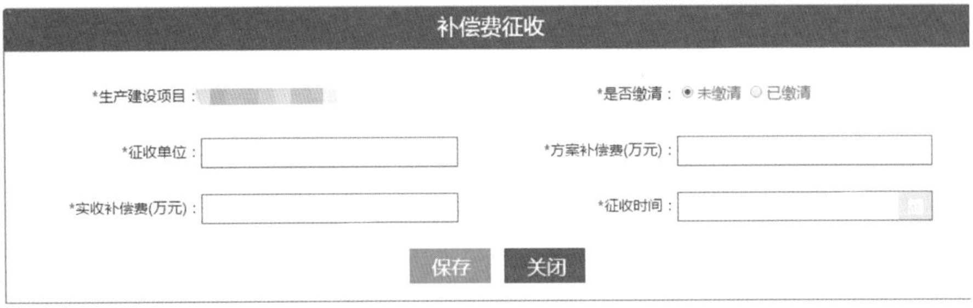

图 11.2-8 生产建设项目水土保持补偿费录入界面示意

**表 11.9** **补偿费录入的内容与说明**

| 序号 | 填报内容 | 单位/格式 | 填 报 说 明 | 必 填 项 |
|---|---|---|---|---|
| 1 | 征收单位 | | 补偿费征收单位名称 | 必填 |
| 2 | 征收时间 | | 补偿费征收时间 | 必填 |
| 3 | 实收补偿费 | 万元 | 实际征收补偿费金额 | 必填 |

# 第12章　扰动图斑遥感解译与合规性分析

## 12.1　遥感解译标志建立

解译标志指的是遥感影像图上能反映和判别地物或现象的影像特征，是解译者在图上识别地物或现象的性质、类型或状况的判读要素，开展监督分类的必要条件，对于遥感影像数据的人机交互式解译的结果有重要影响。监督分类又称为训练分类法，是指采用被确认类别的样本像元区识别其他未知类别像元的过程。本质上是说，在分类前通过目视判读和野外调查，获得对遥感图像上某些样区中影像地物的类别属性的先验知识，这些图像上已知的类别和属性，可用来统计类别参数的区域，就是训练样区。通过建立解译标志，可建立训练样区，然后运用计算机获得每种训练样区的统计信息或其他信息，以用来更好地完成图像分类。对于生产建设项目水土保持监管工作而言，建立遥感解译标志可提高遥感影像数据在监管扰动面积、水土保持措施变化的精度。

解译标志建立的具体步骤如下：

(1) 根据收集到的各县（市、区）的水土保持方案资料，确定不同县（市、区）生产建设项目的类型。

(2) 若某一类型生产建设项目数量较多，则建立解译标志的数量可适当增加，增加数量的原则为：依据该类型项目在该县（市、区）内的分布情况，尽量体现解译标志在空间分布上的均匀性。

(3) 选定具体生产建设项目后，在开展外业复核的过程中，利用区域监管管理端App的“标志复核”功能，进行标志复核，并拍摄现场照片，标志采集时，应尽量做到应采尽采。

(4) 结合标志复核成果，进行规范化整理，形成年度生产建设项目水土保持遥感监测“典型解译标志库”。

(5) 结合培训工作，对解译标志进行培训，让作业人员对监管区域内的各类生产建设项目纹理、形态等特征进行熟悉和了解。

## 12.2 资料收集

开始解译前，除准备本轮监管遥感影像数据外，还需收集往年现场核查图斑数据、往年查处认定图斑数据、国家基础地理信息中心1∶100万行政边界等资料（表12.1）。

表12.1　　解译所需资料收集情况表

| 资料名称 | 资料内容 | 资料格式 | 主要作用 |
| --- | --- | --- | --- |
| 遥感影像 | 项目生产的正射影像数据 | TIF/IMG | 用于扰动图斑解译的直接参考 |
| 现场核查图斑数据 | 往年现场已复核的图斑数据 | Shapefile | 用于扰动图斑解译的参考数据 |
| 查处认定图斑数据 | 往年全省查处认定图斑数据 | Shapefile | 用于扰动图斑解译的参考数据 |
| 国家基础地理信息中心1∶100万行政边界 | 四川省县级行政界线数据 | Shapefile | 用于扰动图斑解译时区县边界的区分 |

## 12.3 解译软件配置

现阶段，扰动图斑解译和上传主要通过地拓协同解译平台实现，也支持第三方平台解译后成果直接上传。考虑操作便捷性和效率，可采用ArcGIS平台采集后直接导入系统。在地拓系统中，导出扰动图斑模板文件，文件为Shapefile格式的面状矢量文件，坐标系统与遥感影像保持一致，采用CGCS2000坐标系，以行政区划代码命名，如“510104.shp”。其属性表主要包含图斑编号、扰动面积、扰动类型、施工现状、扰动变化类型等字段（表12.2）。

表12.2　　扰动图斑属性表

| 属性项 | 属性项名称 | 字段类型 | 填写示例 |
| --- | --- | --- | --- |
| QDNM | 图斑编号 | 文本 | 赋值为“202002_行政区划代码（与shp文名称一致）_四位序号（从0001开始编）”，不允许重复，如：202002_510104_0004 |
| QAREA | 图斑面积 | 数字 | 计算投影面积，单位为公顷，如：1.022804 |
| QTYPE | 扰动类型 | 文本 | 施工扰动、非生产建设项目、弃渣场 |
| QDCS | 建设状态 | 文本 | 施工、完工、停工 |
| QDTYPE | 扰动变化类型 | 文本 | 新增扰动、扰动面积扩大、扰动面积不变 |
| BYD | 扰动合规性 | 文本 | 未批先建、超出防治责任范围边界、未批先弃、建设地点变更 |
| LON | 经度 | 数字 | 图斑中心经度，如：104.096468 |

续表

| 属性项 | 属性项名称 | 字段类型 | 填　写　示　例 |
|---|---|---|---|
| LAT | 纬度 | 数字 | 图斑中心纬度，如：30.585061 |
| REGION | 行政区域 | 文本 | 行政区划代码（与 shp 文名称一致），如：510104 |
| PRNM | 项目名称 | 文本 | 填写项目名称 |
| PRID | 项目编号 | 文本 | 填写项目编号 |
| PRLV | 项目级别 | 文本 | 省级、市级、县级 |
| DPOZ | 建设单位 | 文本 | 填写单位名称 |
| PRTYPE | 项目行业类型 | 文本 | 见表 |
| ADDR | 详细地址 | 文本 | 填写项目地址信息 |
| NPRTYPE | 非项目扰动类型 | 文本 | 荒地、垃圾堆等 |
| RST | 复核状态 | 文本 | “是”或“否” |
| ISSA | 方案批复 | 文本 | “是”或“否” |
| SAAREA | 批复面积/$hm^2$ | 数字 | 批复面积 |
| CAREA | 超红线面积/$hm^2$ | 数字 | 超出批复面积的数量 |
| CPER | 超红线比例/% | 数字 | 超出红线的比例 |

在开展扰动图斑勾绘前，需先配置工作环境（图 12.3-1），在 CGCS2000 坐标框架下，加载扰动图斑模板文件（图 12.3-1 中资料 1）、往年现场核查图斑数据（图 12.3-1 中资料 2）、往年认定查处图斑数据（图 12.3-1 中资料 3）、国家基础地理信息中心 1∶100 万行政边界资料（图 12.3-1 中资料 4），以项目

图 12.3-1　扰动图斑解译工作界面

生产的遥感正射影像为基底（图 12.3－1 中资料 5），即可启动遥感解译工作。

## 12.4 扰动图斑解译

目前扰动图斑解译主要采取人机交互解译和面向对象分类解译 2 种方法。鉴于面向对象分类解译在生产建设项目水土保持遥感监管的实际应用中尚存在诸多没有完全解决的技术问题，影响了解译精度。本技术指导手册主要介绍人机交互解译的技术方案。解译具体流程和步骤如下：

(1) 确定扰动特征。生产建设项目的扰动在遥感影像中一般有如下特征：扰动区域呈现出灰白色或当地自然裸土色；往往与周边植被良好区域或周边已建成区域呈现出较为明显的差异；扰动图斑往往伴随着正在建设中的项目构筑物。

(2) 判定建设状态。在扰动特征判定过程中，主要注意区分以下 2 类扰动特征：

1) 建筑物尚未建设的扰动：此时影像可见明显的扰动现象和扰动区域，直接进行扰动区域的勾绘。地块与周边差异明显，虽无构筑物建成，但存在内部道路和施工等扰动痕迹，判定为扰动图斑（图 12.4－1）。

图 12.4－1 建筑物尚未建设的扰动图斑示例

2) 建筑物已部分建设的扰动：地表扰动基本完成或完成，项目构筑物正在建设。此时应参考水土保持方案资料中的建设内容，按照遥感影像中的地物信息，对扰动图斑进行分块、分类勾绘（图 12.4－2）。

图 12.4－2　建筑物已部分建设的扰动图斑示例

（3）初步判定扰动类型。结合解译标志和先验经验，初步判定扰动图斑所属的生产建设项目类型，凡是符合扰动特征的，按疑似生产建设项目扰动图斑进行解译。常见生产建设项目类型及其影像特征见表 12.3。

**表 12.3　　常见生产建设项目类型及其影像特征**

| | |
|---|---|
| <br>典型房地产工程扰动示意图 | 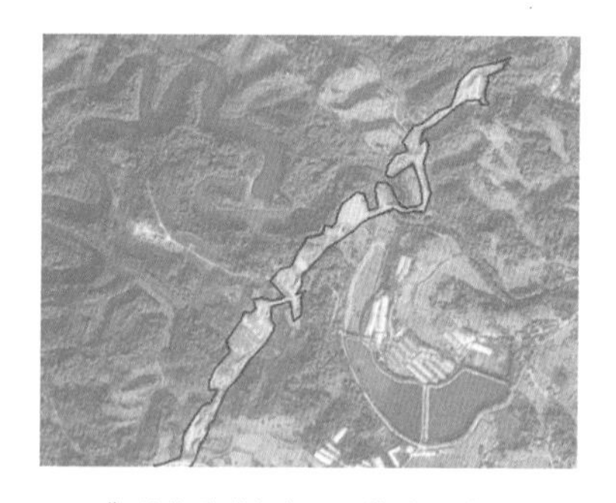<br>典型公路/铁路工程扰动示意图 |
| 此类扰动在城镇内部和周边分布较多，地块与周边差异明显，内部存在施工道路和挖掘痕迹，部分可看出已完工建筑，判定为扰动图斑 | 此类扰动最典型的特征为呈狭长条带状，地块与周边差异明显，内部存在施工道路和挖掘痕迹，部分可看出路基、桥墩等已建成设施，判定为扰动图斑 |

续表

<table>
<tr><td><br>典型工业园区工程扰动示意图<br><br>此类扰动一般位于城镇周边区域，扰动规模较大，有主干公路相连接，周边多为厂区，判定为扰动图斑</td><td><br>典型堤防工程扰动示意图<br><br>此类扰动一般沿河岸分布，呈狭长形状</td></tr>
<tr><td><br>典型农林开发工程扰动示意图<br><br>此类扰动主要位于城郊和农村地区，注意与翻耕的旱地进行区分，其特征为规模较大，内部有施工道路和挖掘痕迹，有公路相连接，判定为扰动图斑</td><td><br>典型露天矿扰动示意图<br><br>此类扰动一般位于山区，地形起伏大，存在采掘痕迹，且有公路相连接，判定为扰动图斑</td></tr>
<tr><td><br>典型其他露天开采矿（砖厂）扰动示意图<br><br>此类扰动主要位于城镇周边，典型特征为地块中间有狭长形窑房，围绕窑房表土采掘痕迹明显，判定为扰动图斑</td><td><br>典型弃渣场示意图<br><br>受影像分辨率限制，一般难以通过影像直接区分出弃渣场，上图为两个通过外业复核确认后的弃渣场，其特征主要为位于大型工程附近，有道路相连接，存在堆掘痕迹，部分可见拦挡设施或修复措施</td></tr>
</table>

（4）与往年已复核图斑进行逻辑关系判定。基本确定扰动图斑符合生产建设项目特征后，为避免重复复核和非必要性复核，还要结合往年已复核图斑、防治责任范围资料，确定是否采集扰动范围，具体判定原则如下：

1）往年已复核为施工扰动，已完成认定和查处的：扰动特征明显，往年已现场核查为生产建设项目的图斑，若扰动范围在核查图斑范围内，认定为合规或已完成查处的，不再采集扰动图斑（图 12.4－3）。

图 12.4－3　往年已复核为施工扰动已完成认定和查处的图斑示例

2）往年已复核为施工扰动，但未完成认定和查处的：扰动特征明显，往年已现场核查为生产建设项目的图斑，若扰动范围在核查图斑范围内，但未完成查处的，采集为新增扰动图斑（图 12.4－4）。

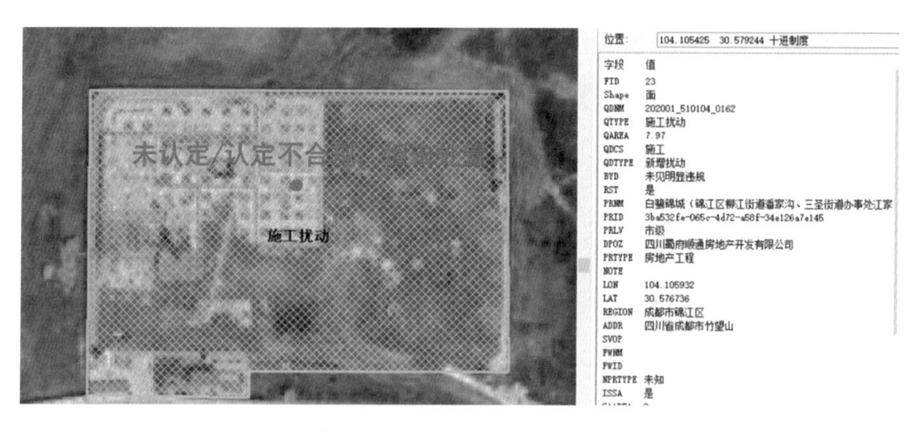


图 12.4－4　往年已复核为施工扰动但未完成认定和查处的图斑示例

3）扰动范围扩大的图斑：扰动特征明显，往年已现场核查为生产建设项目的图斑，若扰动范围超出核查图斑范围的 10%，采集为扰动范围扩大图斑（图

12.4－5)。

图 12.4－5　扰动范围扩大的图斑示例

4）非生产建设项目无新增扰动的图斑：扰动特征明显，往年已现场核查为非生产建设项目的图斑，若扰动特征不明显，不采集扰动图斑（图 12.4－6）。

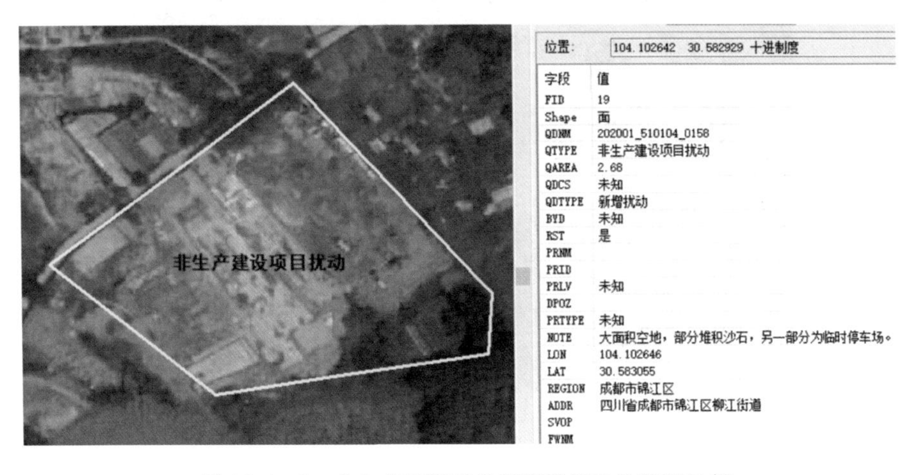


图 12.4－6　非生产建设项目无新增扰动的图斑示例

5）非生产建设项目存在新增扰动的图斑：扰动特征明显，往年已现场核查为非生产建设项目的图斑，若存在明显扰动特征，采集为新增扰动图斑（图 12.4－7）。

6）纯新增扰动图斑：扰动特征明显，扰动特征明显，前期未开展过现场核查，采集为新增扰动图斑（图 12.4－8）。

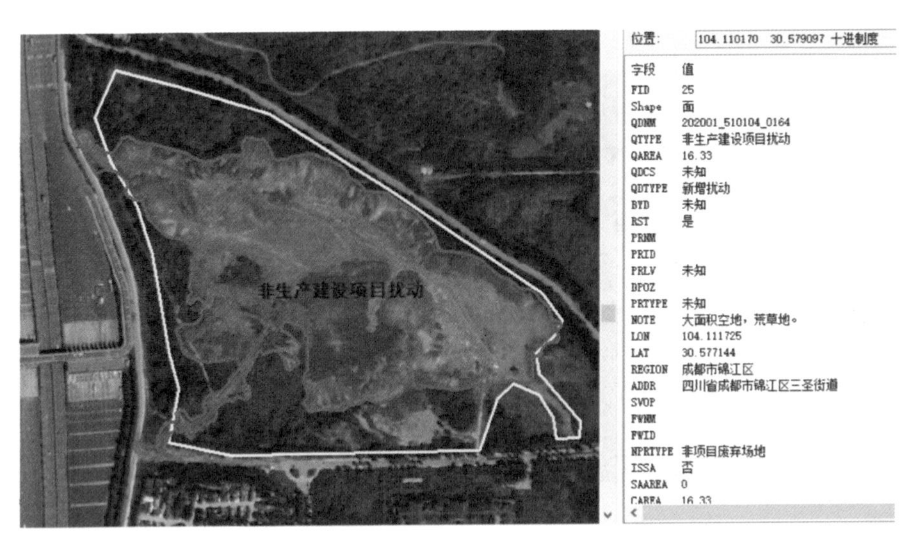


图 12.4-7　非生产建设项目存在新增扰动的图斑示例

图 12.4-8　纯新增扰动图斑示例

## 12.5　合规性初步判定

1. 收集防治责任范围矢量文件

已入库的水土保持方案批复信息和防治责任范围矢量文件主要为全省各区县在全国水土保持信息管理系统中填报的数据。登录全国水土保持信息管理系统（图 12.5-1）的监督管理子模块，即可获得已入库省级水土保持方案信息。

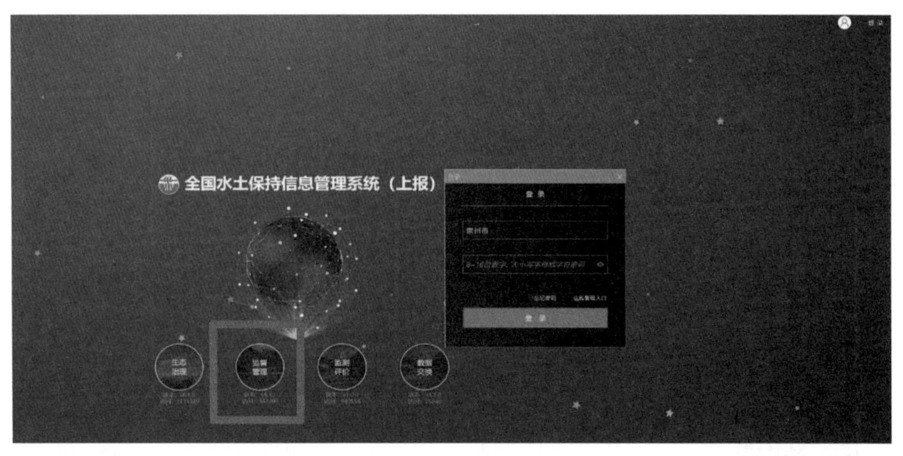


（a）全国水土保持信息管理系统界面

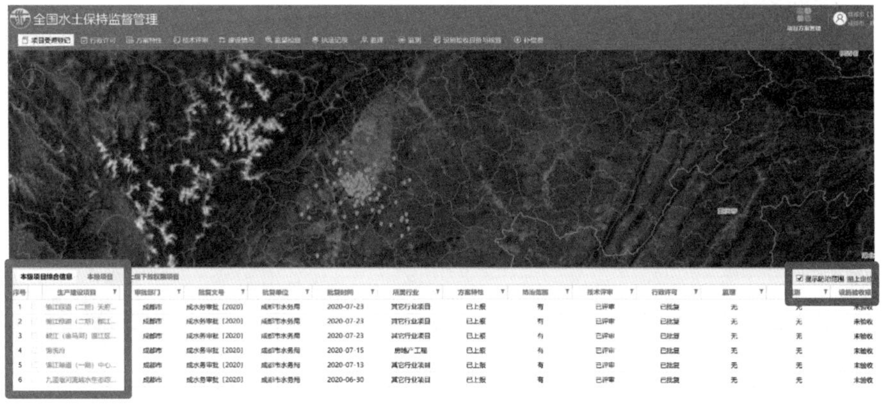


（b）全国水土保持监督管理界面

图 12.5－1　当前行政单元批复的已入库的水土保持方案资料

如图 12.5－1（a）中所示的显示项目防治责任范围界面，点击生产建设项目名，打开项目综合信息选项卡，点击“方案特性”，即可下载水土保持方案报告书或报告表文件（图 12.5－2）。

2. 合规性初步判定

将解译的扰动图斑矢量图与已入库的生产建设项目水土保持防治责任范围矢量图进行空间叠加分析判定扰动图斑的合规性。合规性判定流程图如图 12.5－3 所示。

主要判定逻辑如下：

（1）防治责任范围内无扰动图斑：可初步判定项目为已批未建或已批建成，不再补充采集扰动图斑（图 12.5－4）。

图 12.5-2　查看水土保持方案界面

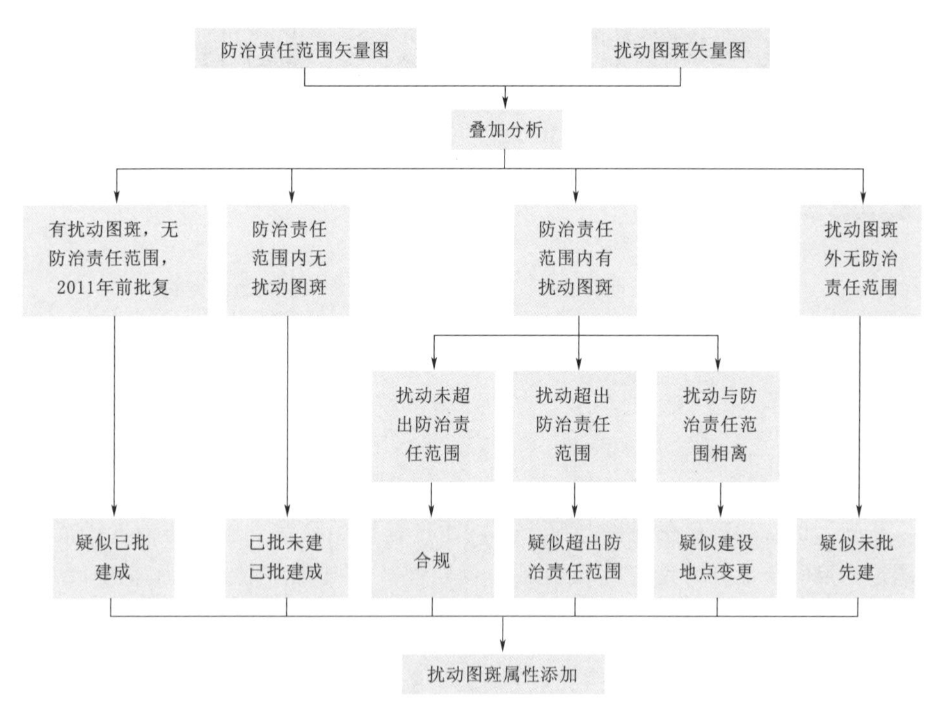


图 12.5-3　合规性判定流程图

图 12.5-4 防治责任范围内无扰动图斑示例

（2）防治责任范围内有扰动图斑，扰动图斑未超出防治责任范围的，扰动图斑判定为合规（图 12.5-5）。

图 12.5-5 扰动图斑（绿色）完全位于防治责任范围内（红色）示例

（3）防治责任范围内有扰动图斑，扰动图斑边界超出防治责任范围的，扰动图斑判定为疑似超出防治责任边界（图 12.5-6）。

图 12.5－6　扰动图斑（绿色）超出防治责任范围（红色）示例

（4）防治责任范围内或旁边有扰动图斑，扰动形态特征和防治责任范围形态特征相似的，扰动图斑判定为疑似建设地点变更（图 12.5－7）。

图 12.5－7　扰动图斑（绿色）与防治责任范围（红色）形态相似示例

（5）仅有扰动图斑，无防治责任范围的，扰动图斑判定为疑似未批先建（图 12.5－8）。

（6）风险图斑初步判定。对于存在较大水土流失风险的图斑判定为风险图斑，结合影像识别出现场施工裸露面积或损毁植被面积大、无水土保持措施或有措施但未发挥效益、乱倒乱弃或顺坡溜渣或河道弃渣、对周边产生水土流失

图 12.5-8 只有扰动图斑（绿色）示例

危害等，初步判断其是否具有风险。风险图斑判定以水土流失为导向，无论其程序是否合规。疑似风险图斑示例如图 12.5-9 所示。

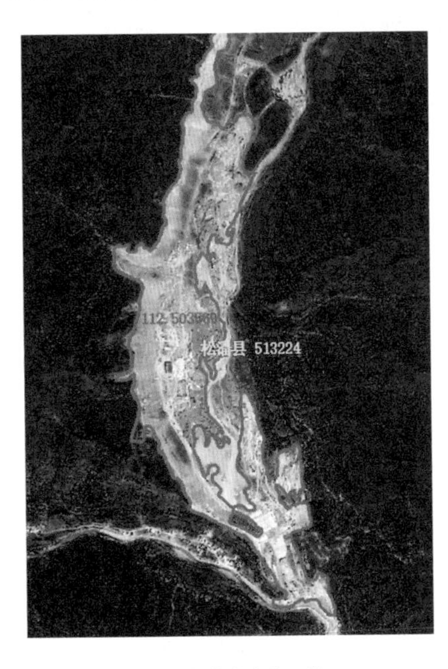


(a) 疑似某水电站工程

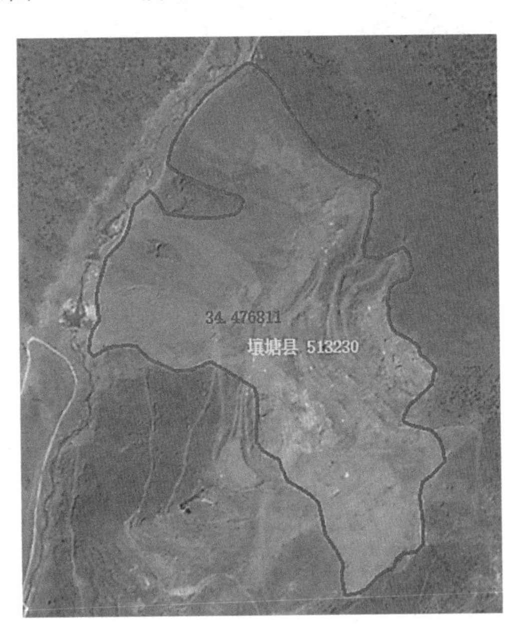


(b) 疑似某露天矿

图 12.5-9（一） 疑似风险图斑示例

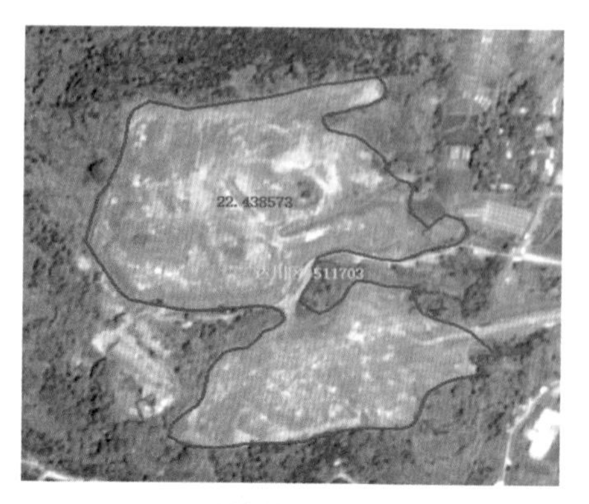


（c）疑似某弃渣场

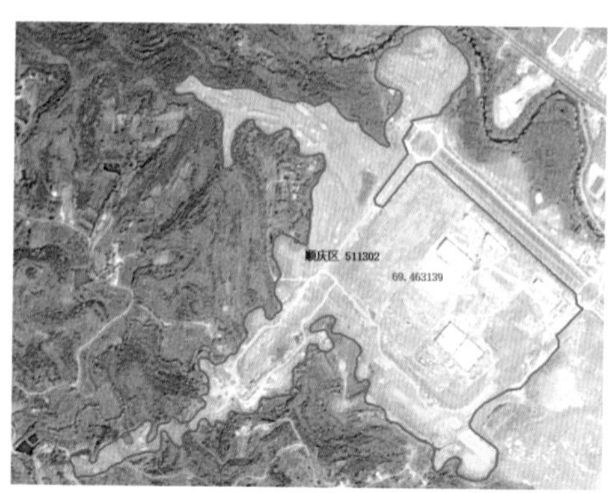


（d）疑似某工业园区工程

（e）疑似某风电场工程

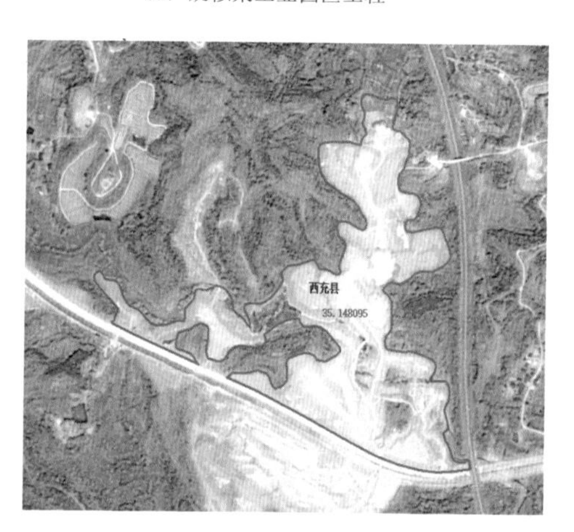


（f）疑似某公路工程

图 12.5－9（二）　疑似风险图斑示例

## 12.6　属性录入

对每个解译的扰动图斑，对照影像和已有资料情况，结合合规性判定结果，填写图斑属性，具体需填写的属性及要求见表 12.4。

表 12.4　　扰动图斑合规性判定属性填写要求

| 序号 | 属性字段 | 填　写　要　求 |
|---|---|---|
| 1 | 图斑编号 | 填写格式为“202002_六位行政区划代码_四位图斑编号”，如 202002_510106_0001 |
| 2 | 扰动类型 | 分为弃渣场和其他扰动两类，结合弃渣场解译标志，能判定为弃渣场的，填写“弃渣场”，否则填写“其他扰动” |

续表

| 序号 | 属性字段 | 填写要求 |
| --- | --- | --- |
| 3 | 面积 | 计算扰动图斑面积后填写，单位为公顷 |
| 4 | 状态 | 扰动地块所处的施工阶段，根据影像判断为“施工”“停工”“竣工” |
| 5 | 变化类型 | 扰动地块相对于前一次遥感监管所属的变化类型包括“新增”“续建”“停工” |
| 6 | 合规性 | 包括“合规”“未批先建”“超出防治责任范围”“建设地点变更” |
| 7 | 经度、纬度 | 扰动图斑几何中心经纬度 |
| 8 | 行政区划代码 | 扰动图斑所在的六位县级行政区划代码 |
| 9 | 地址 | 有防治责任范围或判定为扰动范围扩大时填写 |
| 10 | 是否超出防治范围 | 超出填“是”，未超出填“否” |
| 11 | 批复面积 | 有防治责任范围时填写，填防治责任范围面积 |
| 12 | 超出面积 | 超出防治责任范围时填写，超出面积＝扰动图斑面积-防治责任范围面积 |
| 13 | 超出率 | 超出防治责任范围时填写，超出率＝超出面积/防治责任范围面积 |

## 12.7 质量检查

按照三级审查要求，在小组自查的基础上，应安排经验丰富的技术人员对解译提取的扰动图斑组织专人进行100%自查，主要检查内容包括以下四个方面。

1. 成果规范性检查

按县（市、区）逐个检查扰动图斑的成果命名、坐标系等是否符合上传要求，凡不符合技术要求的，直接认定为不合格，修改后再开展其他检查工作。图12.7-1为成果规范性检查示意图。

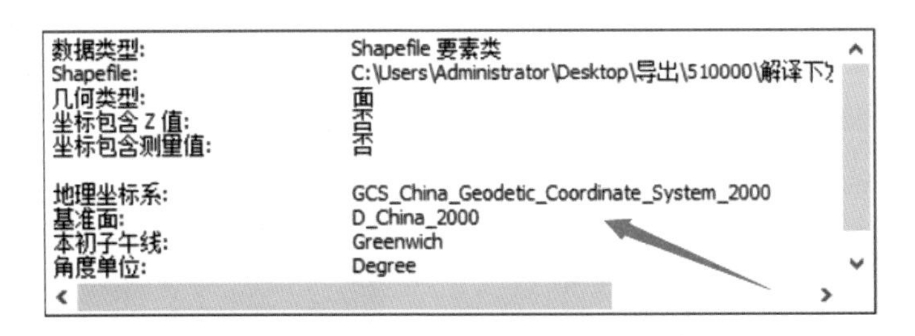


图12.7-1 成果规范性检查示意图

2. 漏勾图斑检查

对照影像，构建1km×1km的检查格网（图12.7-2），逐格网片区查看图斑漏勾情况，发现有漏勾的，进行标记，并记录漏勾率。

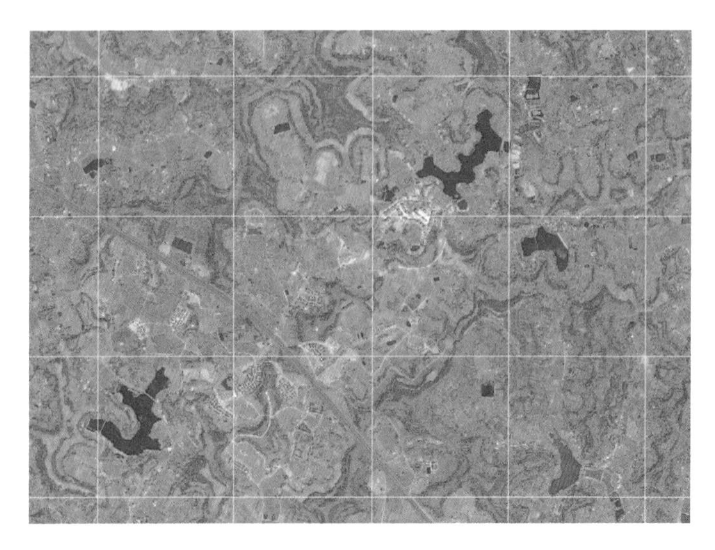

图 12.7－2　检查格网示意图

3. 错勾率检查

针对已勾绘的扰动图斑，逐图斑检查勾绘的正确性。

（1）扰动特征判别正确性检查：逐图斑检查扰动特征判定的正确性，如图 12.7－3 采集的扰动图斑，可明显看出为临时停车场，一般不按生产建设项目解译，判定为扰动特征不足，需进行查改。

图 12.7－4 中，地块中虽可看出明显裸土，但内部较为平整，无施工痕迹，且位于农村地区，周边类似地块较多，疑似为新翻耕的耕地，判定为扰动特征不足，需进行查改。

图 12.7－3　扰动特征不足示例 1
（紫色为解译的扰动图斑）

图 12.7－4　扰动特征不足示例 2
（紫色为解译的扰动图斑）

（2）逻辑规则判别检查：逐图斑检查与往期已复核图斑采集逻辑规则的正确性。图 12.7－5 中，往期已通过现场复核认定为施工扰动，扰动范围与前期完全一致，再次判定为扰动图斑不合理，需进行查改。

图 12.7－6 中，往期已通过现场复核认定为非生产建设项目，内部扰动特征不明显，再次判定为扰动图斑不合理，需进行查改。

图 12.7－5 重复采集示例 1（紫色为解译的扰动图斑，绿色为往期复核图斑）

图 12.7－6 重复采集示例 2（紫色为解译的扰动图斑，黄色为往期复核非生产建设项目图斑）

（3）扰动图斑采集精度检查：逐图斑检查扰动图斑采集边界准确性。图 12.7－7 中，扰动图斑边界与影像的套合差明显大于 1 个像元，采集精度超限，需进行查改。

图 12.7－7 采集精度超限示例（紫色为解译的扰动图斑）

（4）属性填写检查：逐图斑开展属性填写完整性、规范性、正确性检查。图 12.7－8 中，图斑施工状态属性值未填写，判定为属性填写不完整，需修改。

4. 填写检查记录表

根据每个区县检查结果，填写水土保持遥感监管扰动图斑解译检查记录表，凡错误率大于 10%的，视为不合格，需重新退回生产人员进行整改。检查记录表格式见表 12.5。

| QAREA | QTYPE | QDCS | QDTYPE | BYD |
|---|---|---|---|---|
| 13.229308 | 施工扰动 |  | 新增扰动 | 未批先建 |
| 17.552226 | 施工扰动 |  | 新增扰动 | 未批先建 |
| 8.125059 | 施工扰动 |  | 新增扰动 | 未批先建 |
| 1.156696 | 施工扰动 | 施工 | 新增扰动 | 未批先建 |
| 1.708321 | 施工扰动 | 施工 | 新增扰动 | 未批先建 |
| 9.955468 | 施工扰动 | 施工 | 扰动范围扩大 | 未批先建 |
| 4.726438 | 施工扰动 | 施工 | 新增扰动 | 未批先建 |
| 89.591979 | 施工扰动 | 施工 | 扰动范围扩大 | 未批先建 |
| 15.210339 | 施工扰动 | 施工 | 新增扰动 | 未批先建 |
| 4.035025 | 施工扰动 | 施工 | 新增扰动 | 未批先建 |
| 4.307525 | 施工扰动 | 施工 | 新增扰动 | 未批先建 |
| 14.061513 | 施工扰动 | 施工 | 新增扰动 | 未批先建 |
| 18.633209 | 施工扰动 | 施工 | 新增扰动 | 未批先建 |
| 4.035663 | 施工扰动 | 施工 | 新增扰动 | 未批先建 |
| 5.314517 | 施工扰动 | 施工 | 新增扰动 | 未批先建 |
| 21.074097 | 施工扰动 | 施工 | 新增扰动 | 未批先建 |
| 15.073166 | 施工扰动 | 施工 | 扰动范围扩大 | 超出防治责任范 |
| 2.132698 | 施工扰动 | 施工 | 扰动范围扩大 | 超出防治责任范 |
| 7.501791 | 施工扰动 | 施工 | 新增扰动 | 未批先建 |
| 4.105265 | 施工扰动 | 施工 | 扰动范围扩大 | 未批先建 |
| 3.87788 | 施工扰动 | 施工 | 新增扰动 | 未批先建 |
| 2.206653 | 施工扰动 | 施工 | 新增扰动 | 未批先建 |

图 12.7-8　属性填写不完整示例

**表 12.5　　检查记录表格式**

| 区域 | 检查图斑数/个 | 漏勾图斑数/个 | 漏勾率/% | 错勾图斑数/个 | 错勾率/% | 检查有关联红线的图斑数/个 | 红线判断错误的图斑（项目） |
|---|---|---|---|---|---|---|---|
|  |  |  |  |  |  |  |  |
|  |  |  |  |  |  |  |  |
|  |  |  |  |  |  |  |  |
|  |  |  |  |  |  |  |  |
|  |  |  |  |  |  |  |  |
|  |  |  |  |  |  |  |  |
|  |  |  |  |  |  |  |  |
|  |  |  |  |  |  |  |  |
|  |  |  |  |  |  |  |  |

# 第 13 章　现场复核与认定查处

## 13.1　现场复核工作流程

根据水利部《生产建设项目水土保持信息化监管技术规定（试行）》和《四川省生产建设项目水土保持“天地一体化”监管实施方案（2017—2018 年）》，现场复核工作环节主要将遥感解译的扰动图斑成果数据部署到移动采集系统，利用移动采集系统开展现场调查，对生产建设项目信息进行现场采集复核。按照近年工作模式，采用移动采集系统开展现场复核工作，主要包括软件安装、任务查看、现场复核、内业编辑、认定查处等步骤（图 13.1－1）。

图 13.1－1　现场复核总体工作流程图

## 13.2　软件工作平台选择和安装

### 13.2.1　移动采集系统简介

现阶段，四川省水土保持遥感监管工作采用北京地拓科技发展有限公司开发的生产建设项目水土保持信息化监管平台（图 13.2－1），该平台基于“一张图”的设计理念，从扰动解译、现场复核，到清单查处，真正实现了“天地一体、上下协同、信息共享”的监管新模式。

平台包括遥感协同解译平台、区域监管 App 及其管理端的 3 个软件工具（图 13.2－2），其中遥感协同解译平台主要用于扰动图斑解译工作，现场复核环节主要使用区域监管 App 及其管理端工具；区域监管 App 是用于生产建设项目水土保持区域地表扰动合规性复核、违法违规清单查处的移动应用；区域监管 App 管理端是用于复核图斑内业编辑整理，复核工作管理、审查，实时掌握各阶段进度和成果。通过 App 及其管理端软件的配合使用，可大幅度提高现场复核的效率和质量。

图 13.2-1　生产建设项目水土保持信息化监管平台

图 13.2-2　水土保持信息化监管平台组成

### 13.2.2　地拓软件服务授权

系统使用前，需获得地拓遥感协同解译平台、区域遥感监管 App 及管理端使用权限。

1. 地拓遥感协同解译平台

地拓遥感协同解译平台，简称“地拓协同平台”，该平台是用于生产建设项目扰动图斑遥感协同解译的工作平台，支持与“全国水土保持信息管理系统”共享数据，支持多角色用户协同在线解译，解译成果可导入区域监管 App，用于开展现场复核工作。主要功能包括：图斑新增、修改、删除、合并、分割，图斑选择辅助功能、图斑审核功能，数据导入，数据导出，工作量统计等。

2. 区域遥感监管 App 及其管理端

区域遥感监管 App，简称“区域监管 App”，包括“区域监管 App”及其管理端。区域监管 App 是以县为单位，用于生产建设项目水土保持区域地表扰动合规性复核的移动应用。主要功能包括：区域监管 App 提供图斑信息下载、项目信息共享、防治责任范围导出、图斑复核、成果上传、工作日志生成等功能。管理端提供图斑拆分等修订功能，数据导出功能。

### 13.2.3 软件安装

1. 区域监管 App 安装

(1) 软硬件环境。区域监管 App 目前仅发布了安卓系统版本，可使用支持安卓系统的手机或平板安装，硬件配置具体要求为：操作系统 Android8 及以上；4G 及以上移动网络；运行内存 3G 以上；存储空间 16G 以上；必须支持定位、指南针和陀螺仪；CPU 建议 HisiliconKirin710 以上；推荐 HUAWEIM5 及以上配置的设备。

(2) 安装方法。安装方法包括两种方式，其中方式 1 为通过网页下载 App 安装包，通过手机浏览器在网页下载后安装（图 13.2-3），或通过电脑在网页下载后拷贝到手机安装（安装包下载地址为 http://www.cnscm.org/xxh/ygjg/201906/t20190628_1343758.html）；方式 2 为通过扫描二维码进行安装，需要注意应使用浏览器进行扫码，微信不能识别（图 13.2-4）。

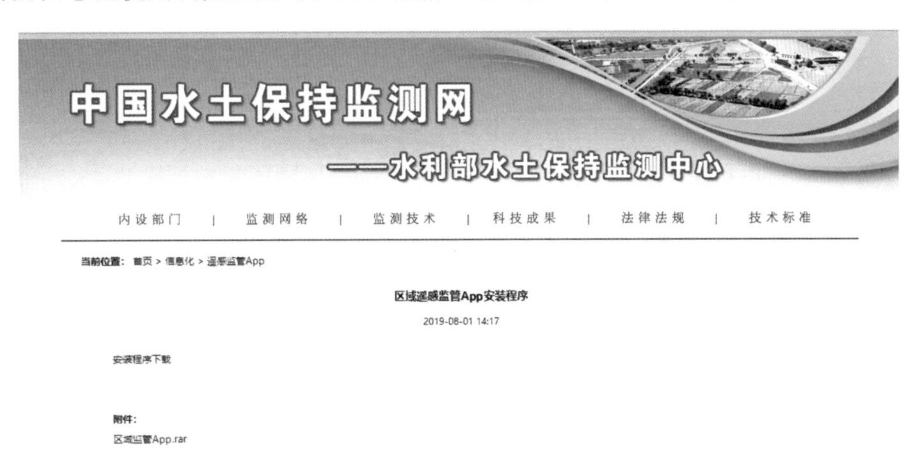


图 13.2-3 区域监管 App 下载网站

2. 监管 App 管理端安装

(1) 软硬件环境。区域监管 App 管理端支持 Windows 操作系统，可使用 Windows 操作系统的笔记本电脑、台式电脑、平板电脑进行安装，硬件配置具体要求为：系统安装推荐客户端电脑配置为 i5 及以上处理器，4G 内存，独立显卡，1G 显存，千兆网卡；操作系统建议使用 Windows 7 及以上操作系统或兼容 Windows 系列。要求电脑具备 D 盘，并保证可用空间在 1G 以上；系统运行，需要 .NET4.7 及其以上插件提供服务支持，如未安装该插件，或插件版本不满足本系统的要求，将影响系统正常运行（桌面端软件安装时，系统会自动提示安装插件，若点未安装，会自动跳转到 .NET4.7 下载连接，下载后安装即可，如果点击系统已安装了插件，会自动跳过插件安装步骤）。图 13.2－5 为地拓桌面软件库软件下载界面。

图 13.2－4 区域监管 App 手机下载二维码

（2）安装方法。通过地拓桌面软件库安装（软件下载地址为 https：//dt0.stbc.work：1234）。需要注意的是，图 13.2－5 中 1＃为 32 位安装包，2＃为 64 位安装包，应根据电脑配置情况进行选择，版本选择错误可能导致系统无法正常运行。图 13.2－6 为地拓桌面软件库安装向导。

地拓桌面软件库（2#）

提示：本软件绝无病毒或木马！当杀毒软件误报本软件有安全风险时，请您手动添加本软件到信任名单/白名单中，以消除误报、误拦截问题。

地拓桌面软件库（1#）

提示：本软件绝无病毒或木马！当杀毒软件误报本软件有安全风险时，请您手动添加本软件到信任名单/白名单中，以消除误报、误拦截问题。

图 13.2－5 地拓桌面软件库软件下载界面

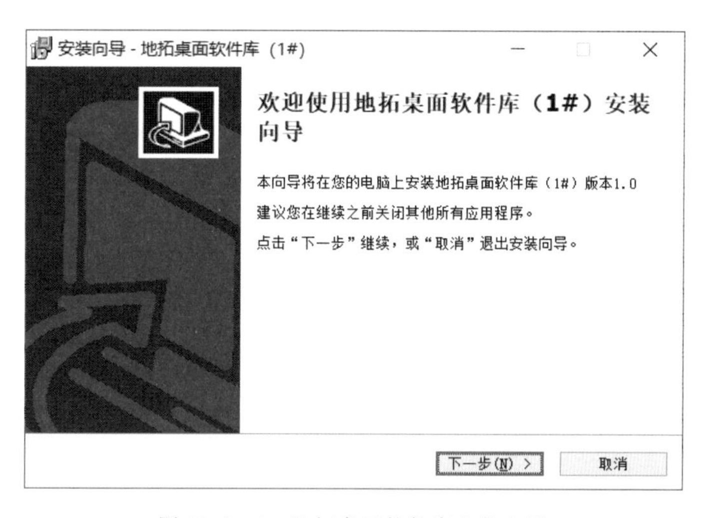


图 13.2－6 地拓桌面软件库安装向导

下载完成后，双击进入安装向导，根据向导指示进行操作，即可顺利完成桌面软件安装。完成软件安装后，双击进入，选择“生产建设项目水土保持信息化监管”模块双击，即可进行监管 App 管理端安装（图 13.2－7、图 13.2－8）。

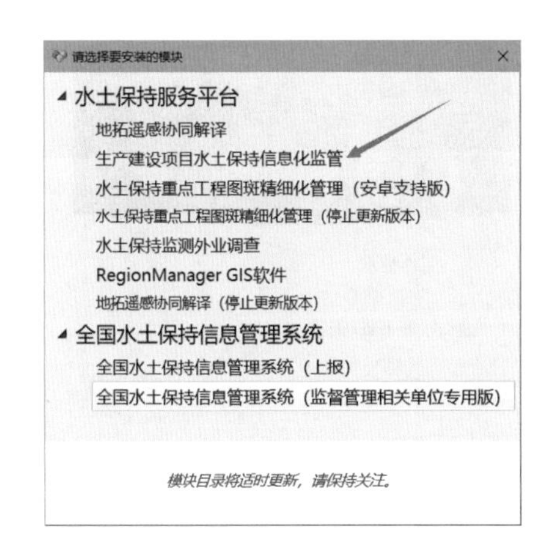


图 13.2-7　地拓桌面软件库软件模块列表

是否先安装必要组件?

该模块依赖"微软.Net框架4.7.2运行时"组件，如果您之前没有安装过它，模块将不能运行。

现在是否需要帮你打开组件安装网页?
(如果之前安装过了，请选择"否"。)
(如果不确定，请选择"是"，因为重复安装也不会有问题。)

是(Y)　否(N)　取消

图 13.2-8　软件模块安装过程中弹出安装“.NET4.7”的提示

## 13.3　任务查看

扰动图斑下发后，可以通过区域监管 App 及其管理端登录后查看，下面介绍系统登录和下载/查看核查任务的操作流程。

### 13.3.1　系统登录

1. 监管 App 端登录

（1）在手机或平板桌面上点击“区域监管” App，弹出相应界面（图 13.3-1）。

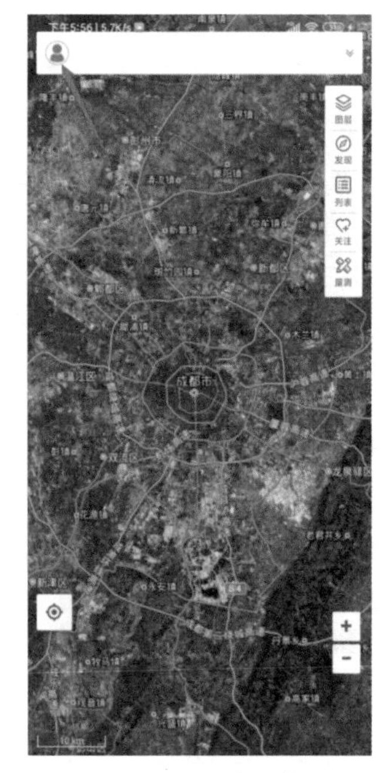

图 13.3-1　区域监管 App 启动界面

（2）点击地图左上角的用户按钮，弹出登录窗口和相同界面（图 13.3-2）。

（3）输入用户名、密码点击登录后（用户名和密码由区域管理员统一分配，具体咨询各地区水行政主管部门），显示相应界面（图 13.3-3）。

2. 监管 App 管理端登陆

（1）在电脑桌面上点击“生产建设项目水土保持信息化监管”软件，弹出相应界面（图 13.3-4）。

图 13.3-2　区域监管 App 用户登录界面

图 13.3-3　区域监管 App 用户登录成功后界面

图 13.3-4　区域监管 App 管理端启动界面

（2）选择“综合管理（在线）”弹出登录窗口（图 13.3-5），系统支持账号密码登录和动态验证码登录 2 种登录方式。

(3) 输入用户名、密码点击登录后(用户名和密码同区域监管 App 一致),显示界面如下,完成登录(注意:密码必须使用英文输入法进行填写)。区域监管 App 管理端登录成功后界面如图 13.3-6 所示。

图 13.3-5 区域监管 App 管理端用户登录界面

## 13.3.2 下载/查看核查任务

1. 监管 App 下载核查任务

(1) 手机端登录成功后,选择“数据下载/更新”里下载所要核查的数据(图 13.3-7)。

(2) 进入核查任务下载界面(图 13.3-8)。

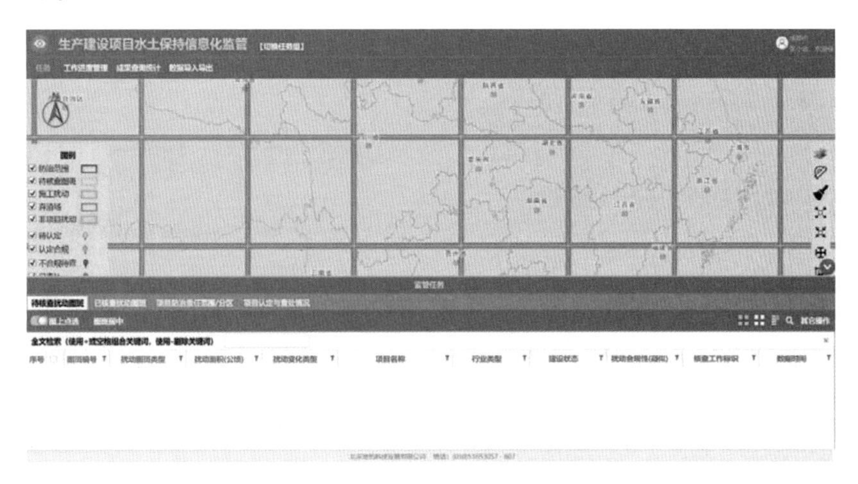


图 13.3-6 区域监管 App 管理端登录成功后界面

(3) 点击某一项目后的“展开”按钮,用户可以进行该项目的“图斑信息下载”和“项目信息下载”(图 13.3-9)。

(4) 点击“图斑信息下载”或“项目信息下载后”,界面状态显示为更新状态(图 13.3-10)。

(5) 通过左上界面 ❮ 返回系统首页,在首页顶部的任务框中,通过 ︾ 选择需要监管的区域(图 13.3-11)。

(6) 勾选项目前的方框□,完成区域数据加载,实施项目信息核查(图 13.3-12)。

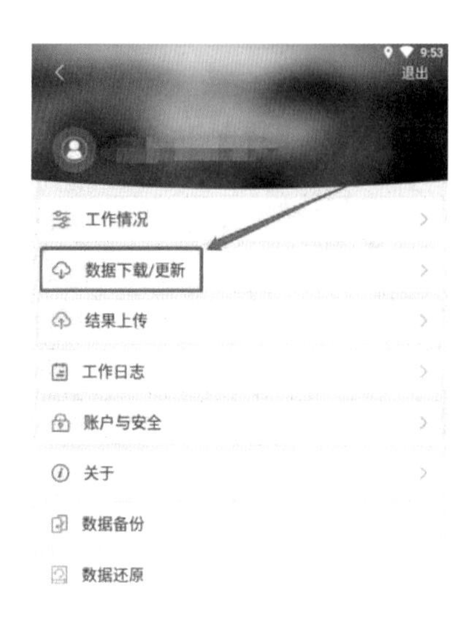


图 13.3-7　监管 App 数据下载界面



图 13.3-8　监管 App 核查任务下载界面

图 13.3-9　监管 App 图斑和项目下载界面

图 13.3-10　监管 App 图斑和项目下载界面

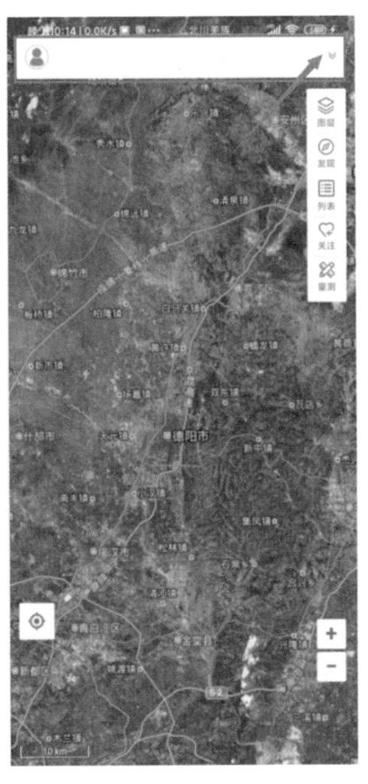

图 13.3-11 监管 App 主界面

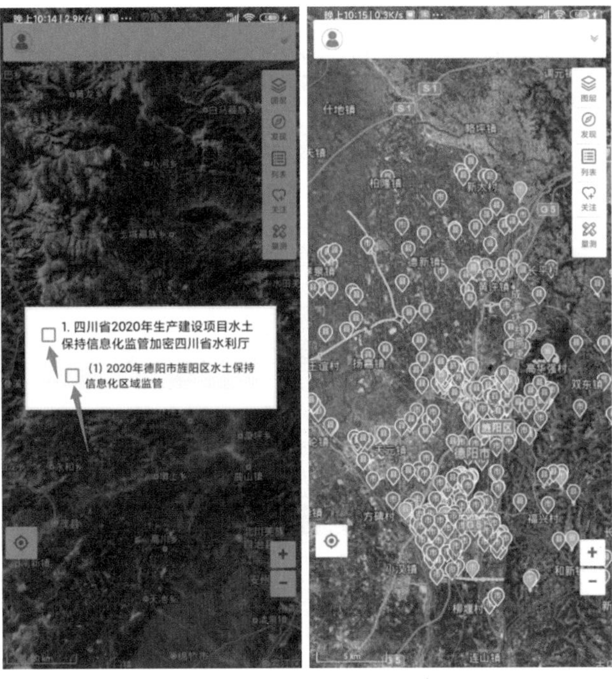


图 13.3-12 监管 App 核查任务下载后界面

2. 监管 App 管理端查看核查任务

(1) 系统登录后，首先在“我参与的任务组”中（图 13.3-13），选择“四川省××年生产建设项目水土保持信息化监管加密”任务。

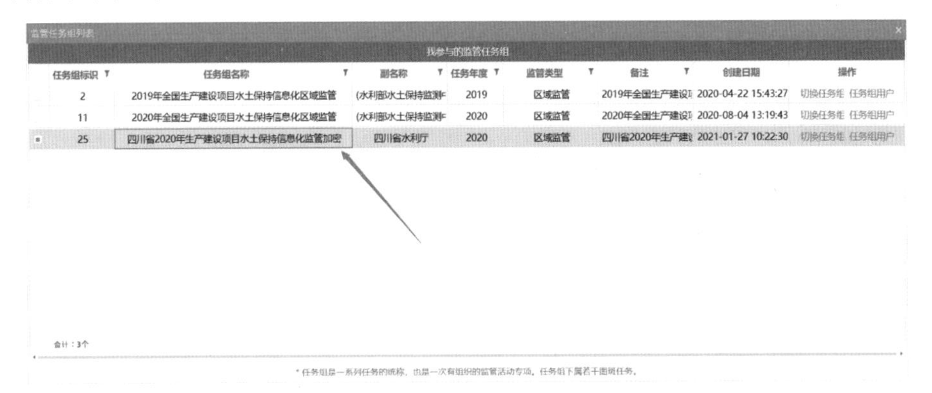

监管任务组列表

我参与的监管任务组

| 任务组标识 | 任务组名称 | 副名称 | 任务年度 | 监管类型 | 备注 | 创建日期 | 操作 |
|---|---|---|---|---|---|---|---|
| 2 | 2019年全国生产建设项目水土保持信息化区域监管 | (水利部水土保持监测F | 2019 | 区域监管 | 2019年全国生产建设项 | 2020-04-22 15:43:27 | 切换任务组 任务组用户 |
| 11 | 2020年全国生产建设项目水土保持信息化区域监管 | (水利部水土保持监测F | 2020 | 区域监管 | 2020年全国生产建设项 | 2020-08-04 13:19:43 | 切换任务组 任务组用户 |
| 25 | 四川省2020年生产建设项目水土保持信息化监管加密 | 四川省水利厅 | 2020 | 区域监管 | 四川省2020年生产建设 | 2021-01-27 10:22:30 | 切换任务组 任务组用户 |

合计：3个

* 任务组是一系列任务的统称，也是一次有组织的监管活动专项，任务组下属若干图斑任务。

图 13.3-13 监管 App 管理端选择任务组列表

(2) 在监管任务列表中（图 13.3-14），选择“我所属辖区内的任务”。

(3) 选择相关区县，点击“加载任务”（图 13.3-15）。

（4）即可看到本区县范围内待核查的图斑数据（图 13.3－16）。

图 13.3－14　监管 App 管理端选择辖区内任务列表

图 13.3－15　监管 App 管理端选择任务组列表

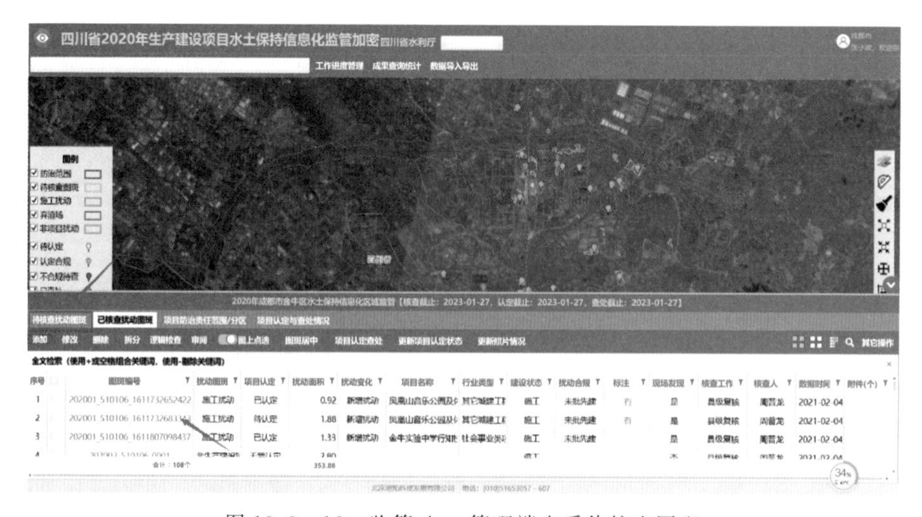


图 13.3－16　监管 App 管理端查看待核查图斑

### 13.3.3 现场复核

外业现场复核需在监管 App 上进行操作，下面介绍现场复核操作流程。

1. 图层配置

（1）点击系统首页的图层按钮（图 13.3－17）。

（2）点击图层按钮，进入至图层界面，由于图层信息较多，移动设备显示能力有限，因此本阶段建议对图层的显示内容进行配置（图 13.3－18），优化显示效果。同时，可在图层配置中切换不同阶段的影像，观察扰动图斑变化情况。

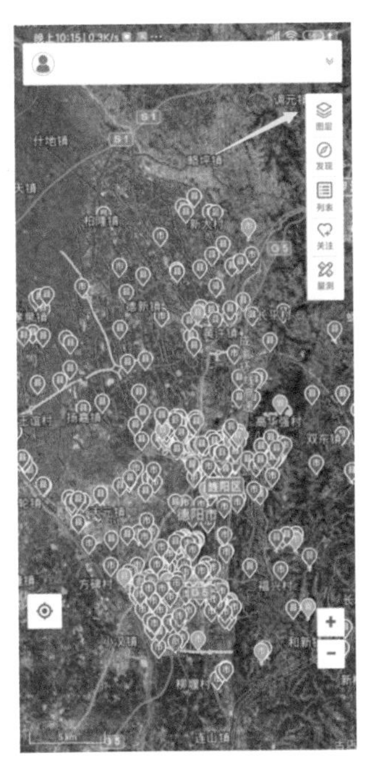

图 13.3－17 监管 App 首页

图 13.3－18 监管 App 图层配置工具条

1）配置业务图层。

待核查 待核查图斑即为需要核查的图斑，需勾选。

已核查 已核查图斑即为已经完成的复核的图，根据现场人员操作习惯可选择打开或关闭。

其他单位核查 其他单位核查图斑一般为国家或省级抽查复核的图斑，区县级无须开展复核，可选择打开或关闭。

2）关闭项目认定查处情况标注。

项目认定查处情况

□ 待认定　□ 认定合规
□ 认定不合规　□ 其他

认定查处情况标注含“待认定”“认定合规”“认定不合规”“其他”4 种认定状态，在现场复核阶段暂不涉及认定查处，建议在复核阶段将 4 种标注全部关闭。

3）配置图斑合规性标注。

图斑合规性

□ 未见明显违规　□ 未批先建
□ 超出责任范围　□ 未批先弃
□ 未批先变　□ 未验先投
□ 不依法履行水土流失防治义务

图斑合规性标注含“未见明显违规”“未批先建”等合规性标注，根据现场人员的操作习惯和关注侧重可选择打开或关闭。

4）配置生产建设项目信息。

生产建设项目

□ 部级项目　□ 省级项目
□ 市级项目　□ 县级项目
□ 新项目
☑ 防治责任范围

生产项目信息是现场复核判定项目合规性的重要依据，应打开防治责任范围边界信息，部级项目、省级项目等项目级别标注信息，根据现场人员的操作习惯和关注侧重可选择打开或关闭。

5）配置影像底图。

底图

2018年遥感

2019年遥感

四川省2020..

2020遥感影..

影像底图原则上应选择本轮监管最新遥感影像数据，当现场需要查看扰动图斑历史变化情况时，可切换往期影像进行对比查看。

2. 查看图斑信息

（1）点击扰动图斑，底侧会弹出该图斑的信息框（图 13.3－19）。

（2）点击“查看”按钮，可显示该图斑的详细信息（图 13.3－20）。

图斑编号　表示该图斑下发的编号。

解译结果　主要显示图斑的解译信息。如所属项目、扰动图斑类型、扰动变化类型、扰动合规性等。

图斑核查及照片　主要是图斑核查后填写的核查属性、现场照片、视频信息。

标注　主要是针对图斑位置不准、叠加、遗漏等问题，对图斑信息所进行的标注（划线、文字说明）。

图 13.3-19　监管 App 扰动图斑界面

图 13.3-20　监管 App 图斑详情

标志复核主要是图斑的标志信息，如解译标志类型、遥感照片等。通过展开信息内容，收起信息内容。

3. 导航

点击“导航”按钮，系统会自动启动移动设备上已安装的百度地图、高德地图等导航软件，并获取当前位置，进入到导航界面，可跟随导航到达图斑所在的实际位置。图 13.3-21 为监管 App 图斑导航功能。

4. 图斑核查

到达图斑所在的实际位置后，点击“图斑核查”按钮，弹出图斑核查界面（图 13.3-22）。

监管 App 图斑核查功能：

（1）填写扰动图斑类型。根据现场项目的情况，选择扰动图斑类型，具体包括 3 种类型：①“弃渣场”指生产建设项目工程建设中产生的弃土、弃石、弃渣等的堆放场地；②“施工扰动”指生产建设活动中各类挖损、占压、堆弃等行为造成地表覆盖情况发生明显变化的行为；③“非生产建设项目扰动”指上述弃渣场和施工扰动之外，临时堆放、压占、废弃形成的地表扰动。

（2）填写所属项目信息。生产建设项目和弃渣场项目需要填写所属项目信

图 13.3－21　监管 App 图斑导航功能

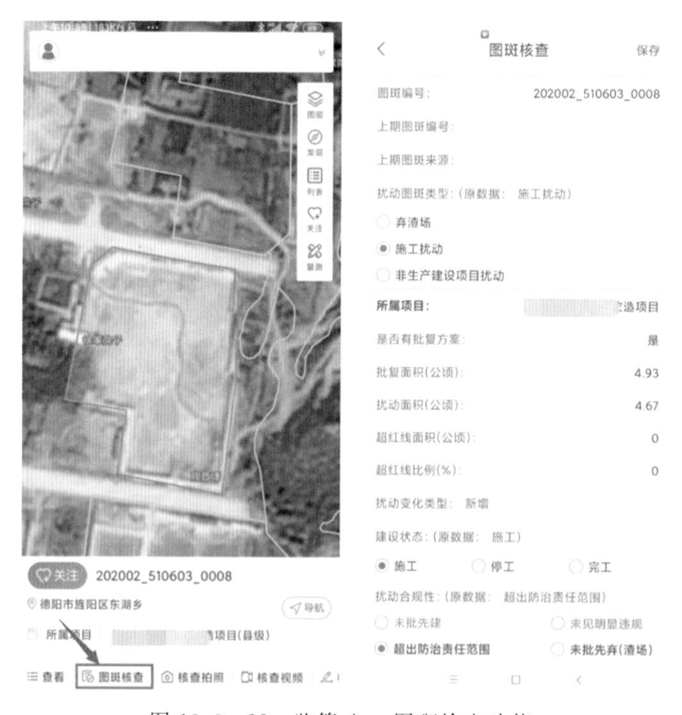


图 13.3－22　监管 App 图斑检查功能

息，点击“所属项目”，会弹出以下 2 种类型：

1）选择“已有项目”（图 13.3－23），系统会自动弹出所处位置周边的项目名称，可用下拉选取方式选择项目信息。当下拉方式不方便查找项目时，可通过关键词筛选，输入个别关键词信息，系统会自动列出含有该关键词的所有项目名称。此处的项目信息来源于全国水土保持信息管理系统，各地填报了项目信息后，系统会自动同步数据到系统中。

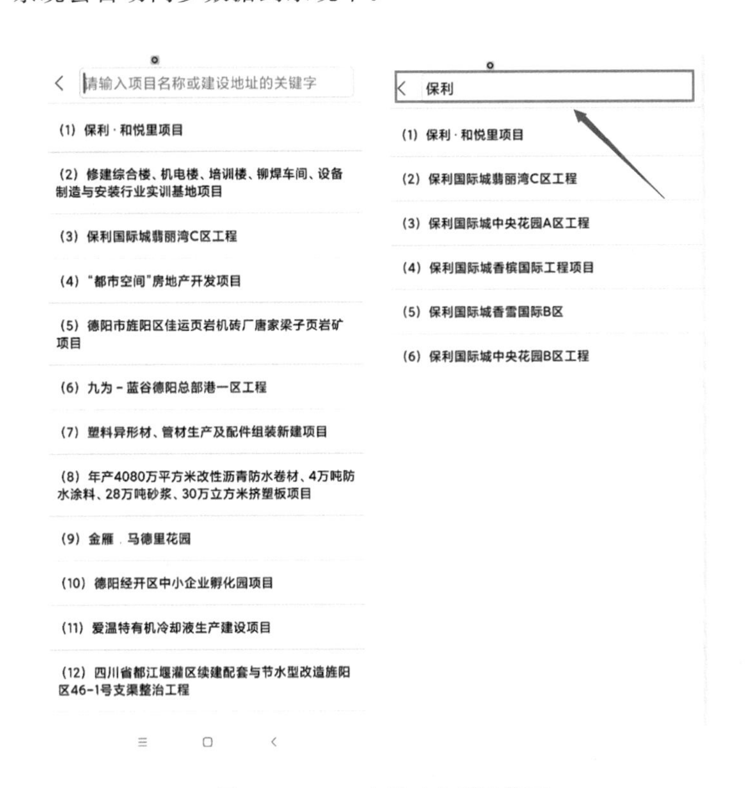


图 13.3－23　选择已有项目界面

2）选择“已有项目”后，系统会自动关联项目批复面积信息（图 13.3－24），并自动计算扰动面积，通过两个数据比对，自动计算出超出红线面积和超出红线比例情况。

| 所属项目: | 项目 |
|---|---|
| 是否有批复方案: | 是 |
| 批复面积(公顷): | 4.93 |
| 扰动面积(公顷): | 4.67 |
| 超红线面积(公顷): | 0 |
| 超红线比例(%): | 0 |
| 扰动变化类型: 新增 | |

图 13.3－24　项目批复信息界面

当系统中无法查询到项目信息时，可选择“新建项目”，并现场收集相关资料填写项目信息，包括项目名称、项目所属行业、建设单位、联系人、联系电话、详细地址、是否有批复方案等信息。

项目名称、建设单位、联系人、联系电话等可以通过现场悬挂的施工牌进行填写，若现场无施工牌的，可以通过询问现场施工人员等方式填写。当手机开启定位和网络后，详细地址系统会自动填写当前地址。图 13.3－25 为添加新项目界面。

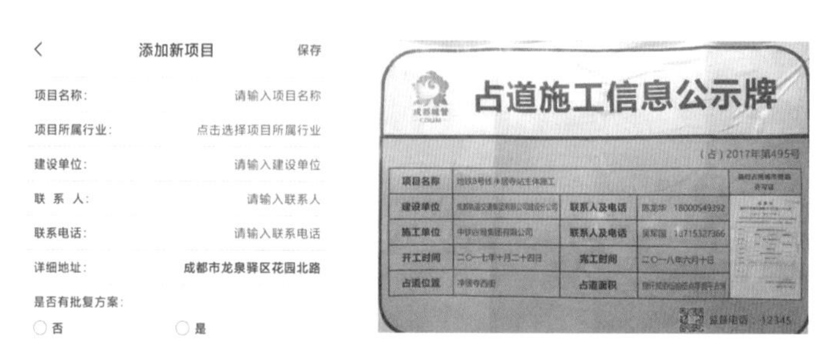


图 13.3－25　添加新项目界面

项目名称为必填属性项，其他信息实在无法获取的，可以暂时留空。现场无施工牌也无法询问到项目相关信息的，项目名称可以采用“详细地址＋项目类型”的方式命名。填写示例如图 13.3－26 所示。

图 13.3－26　现场信息不详的项目信息填写示例

经现场询问、查看等方式无法查询到项目批复时，是否有批复方案选择“否”。有项目批复方案的，需填写批复文号、批复时间、批复面积、批复单位、批复级别等信息（图 13.3－27）。

（3）填写建设状态信息。项目建设状态有“施工”“停工”和“完工”3 种状态，根据现场情况选择相关状态进行填写。

（4）填写扰动合规性信息。根据扰动图斑范围、项目范围和批复信息，现场判定扰动图斑的合规性，具体包括“未批先建”“超出防治责任范围”“建设地点变更”“未验先投”“程序合规”“未批先弃（渣场）”“未批先变”7 种类型。

1）“未批先建”和“未批先弃”：系统中未查到项目信息，现场负责人无法提供水土保持方案及相关批复等材料，可选“未批先建”。如果为弃渣场，则选择“未批先弃”。未批先建项目示例如图 13.3－28 所示。

2）“程序合规”：系统中可查到项目信息，且扰动范围未超出防治责任范围边界，可选“程序合规”。未见明显违规项目示例如图 13.3－29 所示。

图 13.3－27　项目批复信息填写界面

图 13.3－28　未批先建项目示例

图 13.3－29　未见明显违规项目示例

3）“超出防治责任范围”：系统中可以查到项目信息，但扰动范围明显超出防治责任范围边界，可选“超出防治责任范围”，且系统会根据扰动面积和批复面积自动计算出超出面积和比例。超出防治责任范围边界项目示例如图 13.3－30 所示。

输入完相关信息，注意点击保存，图斑核查成功，可在“查看”中查看图斑核查的详细信息（图 13.3－31）。

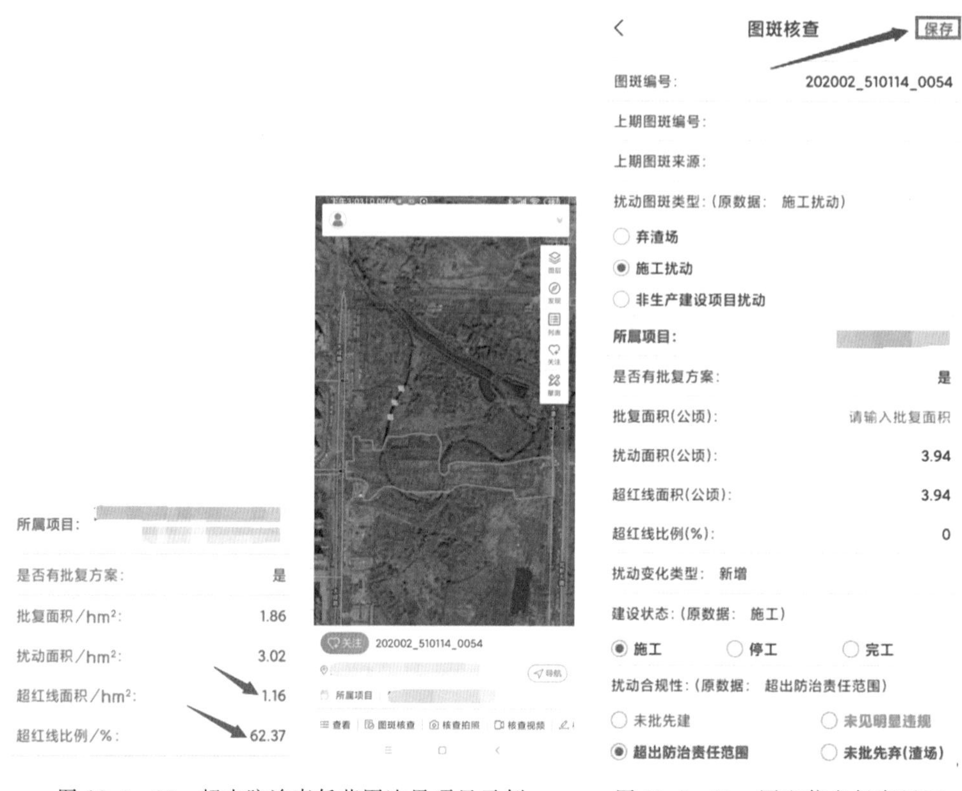


图 13.3-30　超出防治责任范围边界项目示例　　　图 13.3-31　图斑信息保存界面

(5) 非生产建设项目的子类型选择。对于非生产建设项目，需要选择子类型（图 13.3-32），系统提供了“农民自建房”“乡间小道”“农业大棚”等选项（图 13.3-33）。

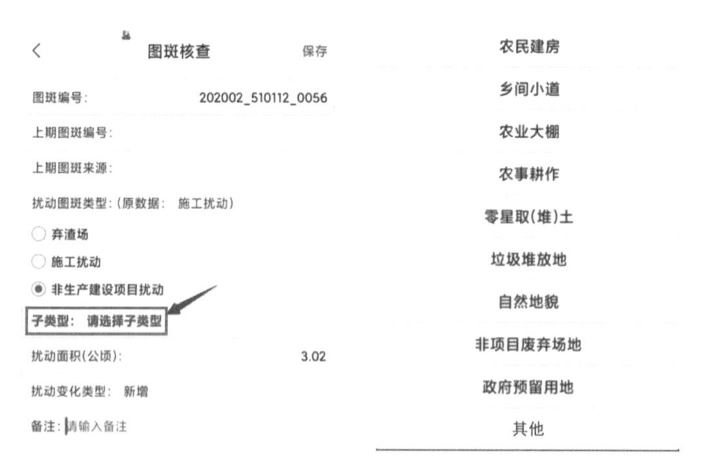


图 13.3-32　非生产建设项目子类型选项

（a）农民自建房示例

（b）乡间小道示例

（c）农业大棚示例

（d）农事耕种示例

（e）零星取（堆）土示例

（f）垃圾堆放地示例

（g）自然地貌示例

（h）非项目废弃场地示例

图 13.3-33（一） 非生产建设项目子类型示例

（i）政府预留用地示例

（j）其他项示例

图 13.3-33（二）　非生产建设项目子类型示例

（6）填写备注信息。对于现场信息不全的生产建设项目，需在备注中填写属性信息不全的原因，如“现场无施工牌，处于停工状态，无法找到当事人”“现场施工牌无联系人信息，也未询问到相关信息”。对于非生产建设项目，需要在备注中填写土地利用信息，如“现场为荒草地”“现场为堆放垃圾的空地”等。

5. 核查拍照

图斑核查保存后，点击“核查拍照”，进入拍照界面（图 13.3-34）。

弹出提示框，询问是否确定拍照。点击确定，进入拍照界面（图 13.3-35）。

图 13.3-34　核查拍照界面

※ 照片总和不超过4张。点击“+”号新增，长按删除！

※ 生产建设项目扰动，现场照片要求：

1. 能够反映出项目现状的照片；

2. 项目标识牌照片（包含项目名称、建设单位、项目联系人、项目概况等信息）；

3. 其他能够支撑现场核查、认定的资料照片。

※ 非生产建设项目扰动，现场照片要求：

能够反映图斑土地利用类型。

图 13.3-35　拍照界面

拍照要求不超过4张（风险图斑最多可采集8张照片），点击“＋”号会启动相机进行拍照，选中某张已拍摄的照片，长按可以删除该照片。每个扰动图斑至少包含能反映以下信息的照片：

（1）拍摄能够反映出项目现状的照片（包含项目类型、施工状态等信息）。图13.3-36为项目现状示例照片。

图13.3-36　项目现状示例照片

（2）项目标识牌照片（包含项目名称、建设单位、项目联系人、项目概况、平面图等信息）。图13.3-37为项目标识牌示例照片。

（3）其他能够支撑现场核查、认定的资料照片（项目地理位置、周边特征）。图13.3-38为项目现场其他核查、认定支撑示例照片。

图13.3-37　项目标识牌示例照片

图13.3-38　项目现场其他核查、认定支撑示例照片

（4）风险项目应该包括反映水土流失风险现状的照片。风险图斑最多可采集8张照片，除采集现场照片外，利用无人机采集能够反应图斑全貌的无人机全景照片（无法航拍的特殊区域除外），拍摄点位不少于4处（建议图斑东南西北4个方向各选一个点位），并通过生产建设项目信息化监管平台服务端上传4张无人机全景照片。同时，要根据风险图斑的影像情况，重点核查存在乱倒乱弃、顺坡溜渣或河道弃渣以及对周边产生水土流失危害的点位。图13.3-39为风险图斑现场复核示例图。

（5）非生产建设项目扰动，现场照片要求能够反映图斑土地利用类型（如荒地、废弃、农村建房、耕种等）。图13.3-40为非生产建设项目示例照片。

图 13.3-39　风险图斑现场复核示例图

拍照完成后界面显示如图 13.3-41 所示。长按某照片，弹出提示框，提示是否删除该照片。点击“确定”，照片成功删除；点击“取消”，取消删除照片。点击图中的“保存”按钮，照片成功保存至查看中的“图斑核查及照片”信息里。

6. 核查视频

点击“核查视频”按钮，进入视频拍摄界面（图 13.3-42）。

图 13.3-40　非生产建设项目示例照片

拍照　保存

目标经度：39.944168 E
目标纬度：118.014168 N

目标经度：39.944168 E
目标纬度：118.014168 N

目标经度：39.944168 E
目标纬度：118.014168 N

目标经度：39.944168 E
目标纬度：118.014168 N

※ 照片总和不超过4张。点击"+"号新增，长按删除！

※ 生产建设项目扰动、现场照片要求：

图 13.3-41　拍照完成后照片

图 13.3-42　核查视频界面

视频总和不超过 3 段，点击“＋”号新增，长按删除。每部视频时长不超过 10s，长按视频进入视频删除界面，点击确定进行视频删除。点击“确定”，视频成功删除；点击“取消”，取消删除视频。视频删除与否的操作完成后，点击“保存”按钮，成功保存至查看中的“图斑核查及照片”信息里。

7. 标注

点击“标注”按钮，进入对图斑标注的界面（图 13.3－43）。

直接在屏幕上圈画标注内容，点击“取消”取消标注；点击“后退”，退回标注界面；点击“完成”，完成标注勾绘。为了方便标注，在标注前可操作地图上的放大、缩小、移动按钮，对图斑进行相应的缩放操作；标注时如果想撤销某一步操作，可点击“后退”按钮（图 13.3－44）。

点击“完成”后，弹出输入备注文本框，在文本框中输入需要标注的文字（图 13.3－45）。

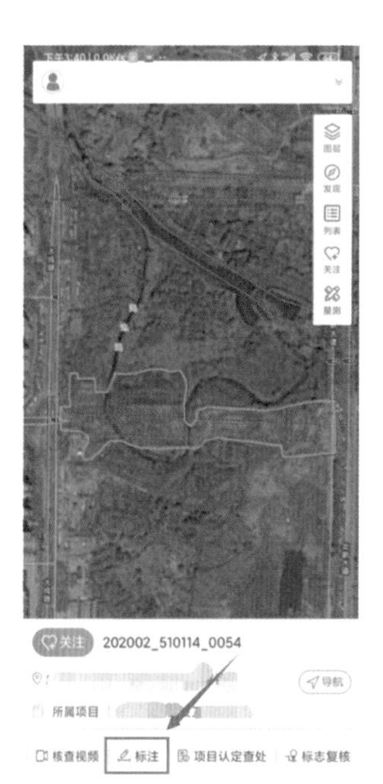


图 13.3－43　标注功能界面

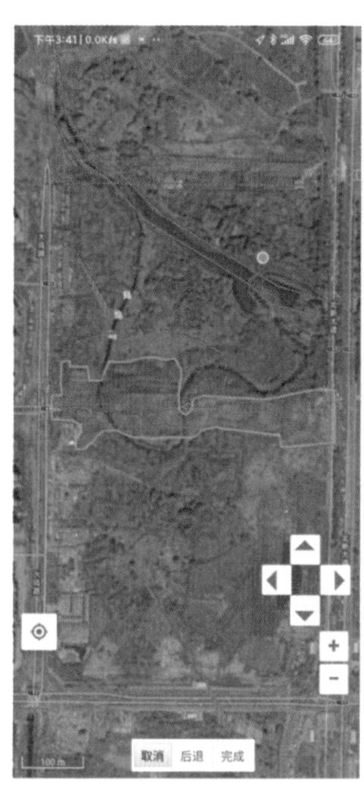


图 13.3－44　标注结果界面

图 13.3－45　标注注释界面

点击“保存”按钮，则图斑标注成功，可在“查看”中查看该图斑的详细标注信息。

8. 标志复查

标志复查主要用于建立项目自动解译标志样本，不强制要求每个项目都开展标志复查，对于扰动特征较为典型的项目，可以选择开展标志复查。

启动标志复查前，应注意将图斑调整至屏幕居中位置，使得图斑在截图的中间。点击“标志复查”按钮，进入对图斑进行标志核查的界面（图 13.3－46）。

进入标志复核界面后，系统会根据核查结果自动填写图斑编号、项目名称、经纬度、调查日期、解译标志类型等内容（图 13.3－47）。

点击“请点击获取二级区”后，系统会自动填写图斑所处的水土保持二级分区。填写相关信息，如解译标志类型等，点击“现场照片采集”（图 13.3－48），启动照相机进行现场采集照片，拍照完成后点击“√”按钮，完成照片采集；最后点击“保存”按钮进行保存，提示保存成功。可在“查看”中查看解译标志的详细信息。对待核查的图斑进行核查后，核查后的图斑会转至“已核查图斑”列表中。

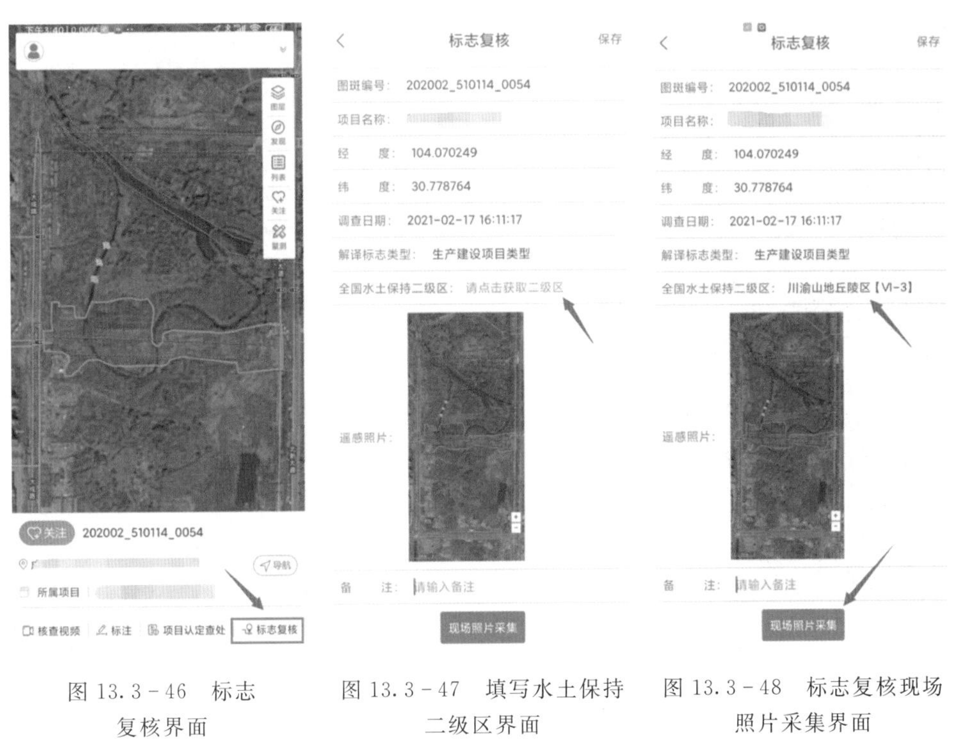


图 13.3－46 标志复核界面

图 13.3－47 填写水土保持二级区界面

图 13.3－48 标志复核现场照片采集界面

填写相关信息，如解译标志类型等，点击“现场照片采集”，启动照相机进行现场采集照片，拍照完成后点击“√”按钮，完成照片采集；最后点击“保存”按钮进行保存，提示保存成功。可在“查看”中查看解译标志的详细信息。对待核查的图斑进行核查后，核查后的图斑会转至“已核查图斑”列表中。

9. 其他核查相关功能

（1）发现新项目。现场发现有系统中未录入或填报的项目（图 13.3－49），可以利用该功能对项目信息和位置进行录入。点击右侧工具栏的发现按钮，选择“新项目”。

点击“新项目”后，在界面上点击项目所在位置，弹出“添加新项目”界面（图 13.3－50）。

在新添加的项目界面录入所属任务、项目名称、所属行业、建设单位、联系人和联系电话、详细地址，以及是否有批复方案等内容。点击右上角“保存”结束新项目的添加录入。回系统界面，界面显示新添加的项目位置和名称（图 13.3－51）。

图 13.3－49　发现功能界面

图 13.3－50　添加新项目界面

图 13.3－51　添加新项目结果界面

（2）发现新图斑。现场发现有达到监管要求的扰动图斑时，可以利用该功能对扰动图斑范围进行采集，并开展复核。点击右侧工具栏的发现按钮，选择“新图斑”（图 13.3－52）。

点击“新图斑”后，在界面上点击可以勾绘图斑的边界（图 13.3－53）。

点击“完成”后，进入“添加新图斑”界面（图 13.3－54）。

在新添加的图斑界面录入所属任务、图斑编号、扰动图斑类型、所属项目、是否有批复方案、扰动变化类型等内容。点击右上角“保存”结束新图斑的添加录入。返回系统界面，且显示新添加的图斑位置（图 13.3－55）。

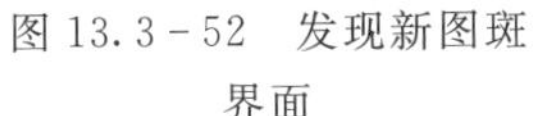
图 13.3－52　发现新图斑界面

图 13.3－53　添加新图斑结果界面

图 13.3－54　添加新图斑属性界面

(3) 关注。为更加高效找到区县内的重点项目或图斑，可利用关注功能实现项目和图斑的收藏功能。选中某个图斑，点击左上角"关注"按钮，可将该图斑设置成已关注状态(图 13.3－56)。

图斑关注后，在右侧工具栏中，点击"关注"功能，即可查看所有关注的项目和图斑列表（图 13.3－57)，选择其中的某个图斑，即可自动定位到该图斑的位置。

(4) 量测。利用该功能，可对实地长度和面积进行量算，点击右侧工具栏的"量测"按钮，选择测距或测面功能（图 13.3－58)。

在屏幕上点击画线或者画面，点击测量结果中的"关闭"按钮（图 13.3－59)，即可显示距离或面积测量结果。

(5) 定位。点击地图上的定位◎按钮，可将工作人员所处的位置进行定位，并进行定位(图 13.3－60)。

图 13.3－55　添加新图斑结果界面

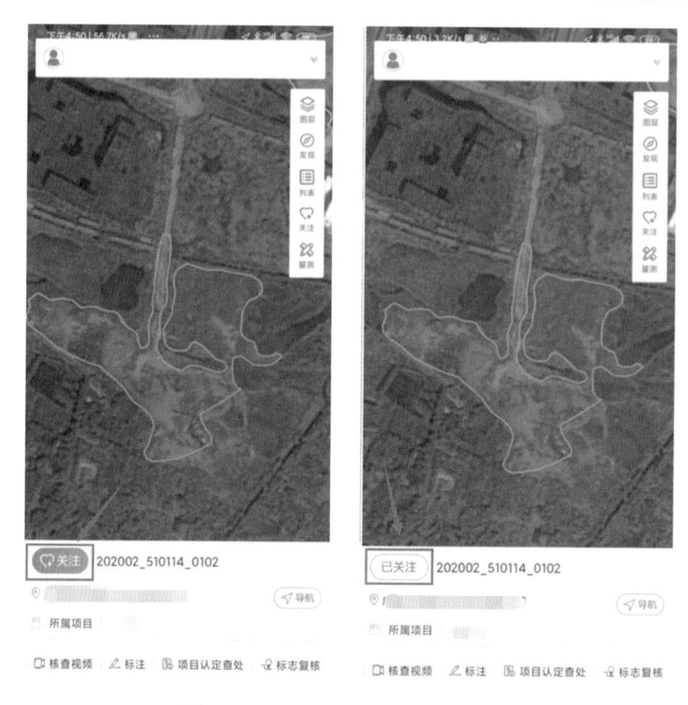


图 13.3－56　图斑关注功能界面

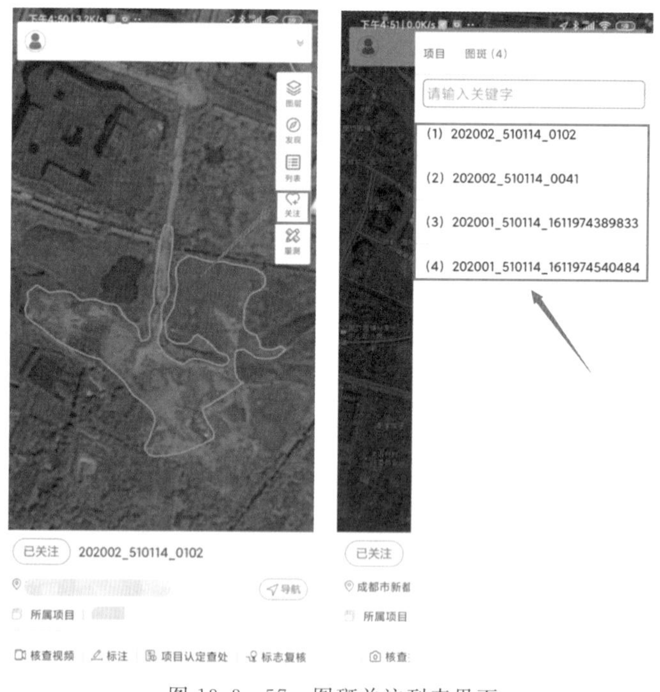


图 13.3－57　图斑关注列表界面

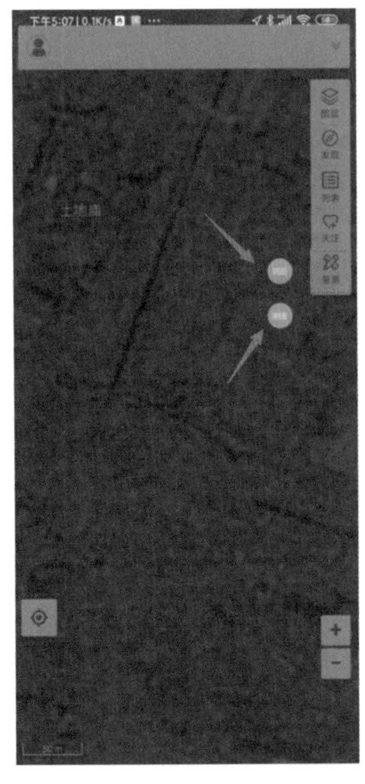


图 13.3-58　图斑量测工具界面

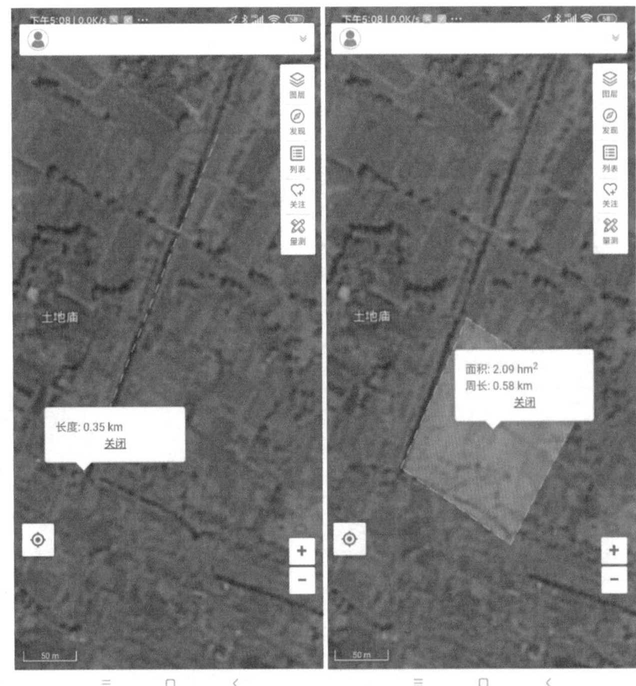


图 13.3-59　图斑量测结果界面

(6) 放大/缩小。点击图层上的+，可实现地图放大操作；点击图层上的-，可实现地图缩小操作（图 13.3-61）。

(7) 图斑核查信息上传。图斑复核完成后，需在 App 中及时上传复核结果，才算完成复核工作。点击左上角的按钮（图 13.3-62）。

选择个人管理页面下的“结果上传”（图 13.3-63）。

点击“图斑核查”，弹出如图 13.3-64 所示界面，进行图斑核查信息上传（图 13.3-64）。

已核查过的内容显示“＊＊信息上传”，未核查的内容显示“无＊＊数据”。全选，点击“立即上传”，可以对所有图斑信息进行上传。如果只上传某个图斑的其中某项内容，则可直接点击“＊＊信息上传”。如果信息上传成功，显示“＊＊信息已上传”（图 13.3-65）。

图 13.3-60　定位功能界面

（8）工作情况。在该功能中，可查看区域内现场复核工作进度情况，点击个人管理页面下的“工作情况”（图 13.3－66）。

进入核查工作情况界面，如图 13.3－67 所示，可以看到图斑核查进度和认定查处进度情况。

图 13.3－61　放大缩小功能界面

图 13.3－62　区域监管 App 主界面

图 13.3－63　区域监管 App 个人管理界面

图 13.3－64　区域监管 App 核查信息上传界面

图 13.3－65　区域监管 App 已上传完成界面

图 13.3-66 区域监管 App 个人管理界面

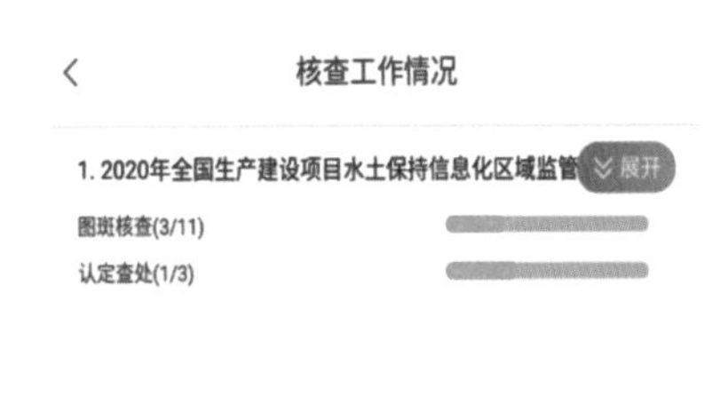


图 13.3-67 区域监管 App 核查工作情况界面

点击展开按钮，展开显示各监管区域所有图斑核查情况进度列表（图 13.3-68）。点击收起按钮，收起所有各监管区域所有图斑核查情况进度列表。

(9) 工作日志。工作日志是核查员每天的工作记录，系统可以自动生成每日的核查记录，并将其上报给管理员审核，可点击个人管理页面下的“工作日志”查看（图 13.3-69）。

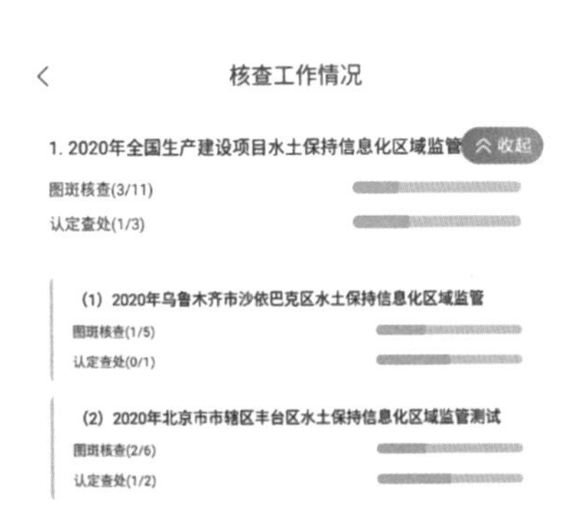


图 13.3-68 区域监管 App 核查工作情况展开界面

图 13.3-69 区域监管 App 个人管理界面

可查看每个任务区县内历史核查工作日志（图 13.3-70）。

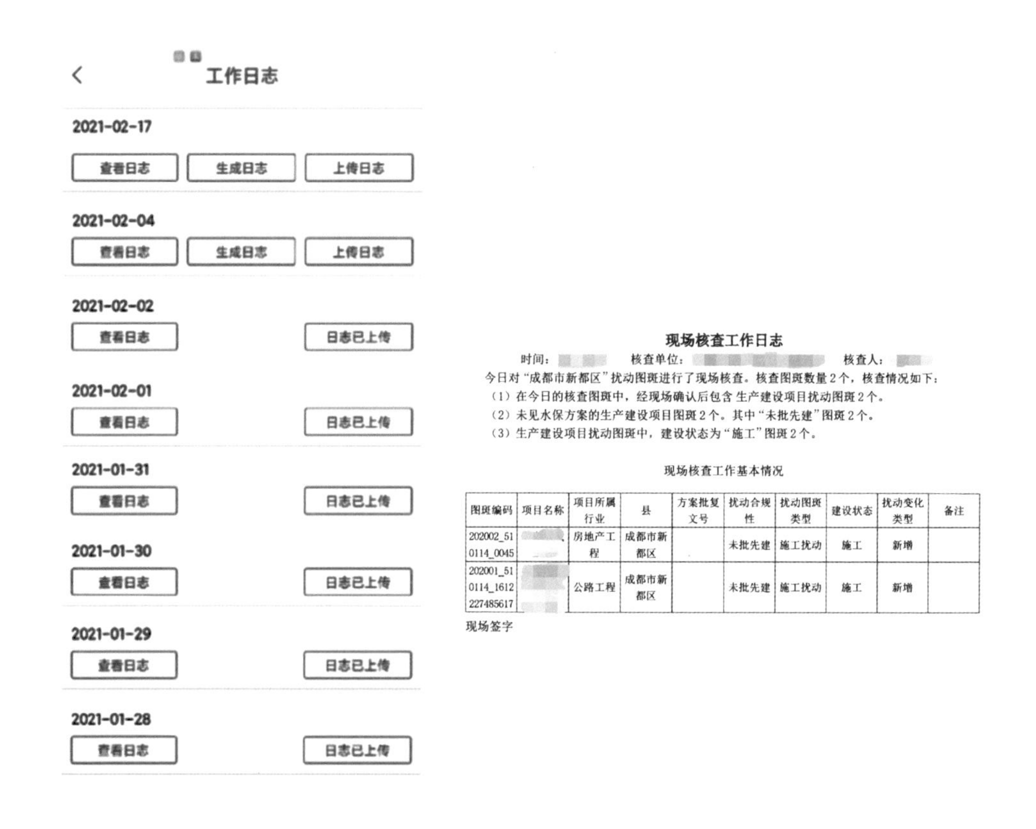


现场核查工作日志

时间：　　核查单位：　　核查人：

今日对“成都市新都区”扰动图斑进行了现场核查。核查图斑数量 2 个，核查情况如下：

（1）在今日的核查图斑中，经现场确认后包含 生产建设项目扰动图斑 2 个。

（2）未见水保方案的生产建设项目图斑 2 个。其中“未批先建”图斑 2 个。

（3）生产建设项目扰动图斑中，建设状态为“施工”图斑 2 个。

现场核查工作基本情况

| 图斑编码 | 项目名称 | 项目所属行业 | 县 | 方案批复文号 | 扰动合规性 | 扰动图斑类型 | 建设状态 | 扰动变化类型 | 备注 |
| --- | --- | --- | --- | --- | --- | --- | --- | --- | --- |
| 202002_510114_0045 |  | 房地产工程 | 成都市新都区 |  | 未批先建 | 施工扰动 | 施工 | 新增 |  |
| 202001_510114_1612227485617 |  | 公路工程 | 成都市新都区 |  | 未批先建 | 施工扰动 | 施工 | 新增 |  |

现场签字

图 13.3-70　区域监管 App 工作日志界面

点击“生成日志”按钮，生成工作日志并签名。点击保存后，日志生成成功。返回到工作日志界面，点击“上传日志”，可将日志进行上传（图 13.3-71）。

（10）数据备份。为防止数据丢失，可以及时对复核数据进行备份，点击个人管理页面下的“数据备份”（图 13.3-72），现场复核的图斑信息、照片资料等会自动备份到手机当中，便于用户及时保存数据内容。

（11）数据还原。数据备份后，点击个人管理页面下的“数据还原”，弹出提示对话框，点击“确定”数据还原到备份时的状态，点击“取消”，取消数据还原操作。

图 13.3-71 区域监管 App 工作日志上传完成界面

图 13.3-72 区域监管 App 个人管理界面

## 13.4 内业编辑

内业编辑确认需在监管 App 管理端操作，下面介绍操作流程。

1. 查看已复核图斑

（1）登录 App 管理端软件，选择“已核查扰动图斑”选项卡，可看到本区域内全部已核查后的图斑（图 13.4-1）。

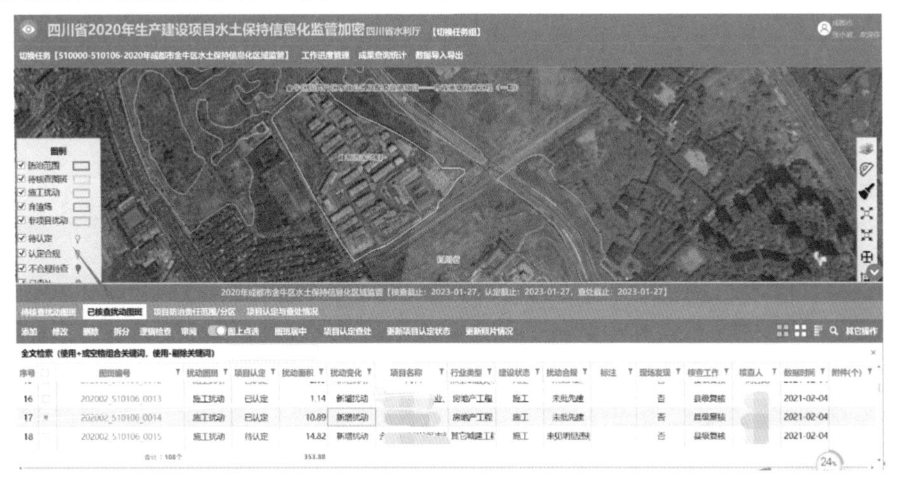


图 13.4-1 区域监管 App 管理端查看已复核图斑界面

图 13.4-2　区域监管 App 管理端查看图斑属性界面

（2）双击图斑可以显示图斑的属性信息（图 13.4-2）。

（3）点击“相关资料”，可看到现场拍摄的照片信息，点击“查看”，可查看现场照片（图 13.4-3）。

2. 修改完善图斑信息

点击“修改”按钮，可修改现场填写的图斑属性信息（图 13.4-4）。

（1）修改属性信息：可对扰动图斑类型、项目信息、合规性、扰动变化类型、建设状态、详细地址等属性信息进行修改完善（图 13.4-5）。

图 13.4-3　区域监管 App 管理端查看已复核图斑照片界面

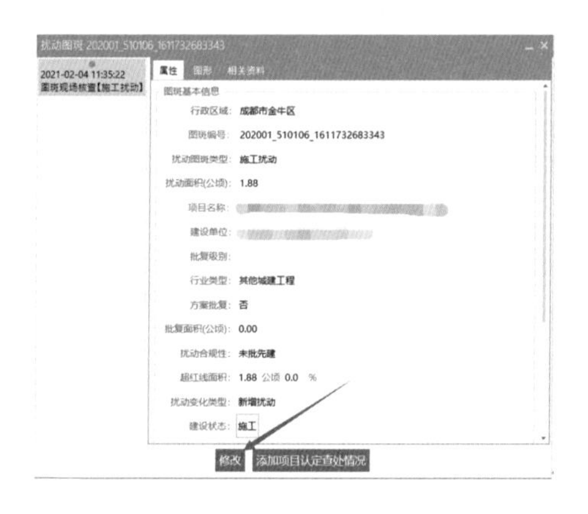


图 13.4-4　区域监管 App 管理端修改图斑属性界面

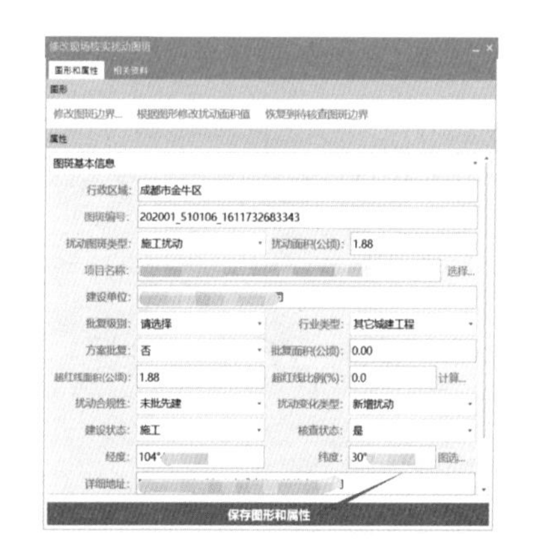


图 13.4-5　区域监管 App 管理端保存图斑属性界面

（2）修改图斑边界：点击“修改图斑边界”按钮，弹出线/环编辑工具条，可对图斑边界节点进行移动、删除、新增节点等操作，修改完成后，点击工具条上的“√”勾按钮完成图斑边界修订（图 13.4－6）。

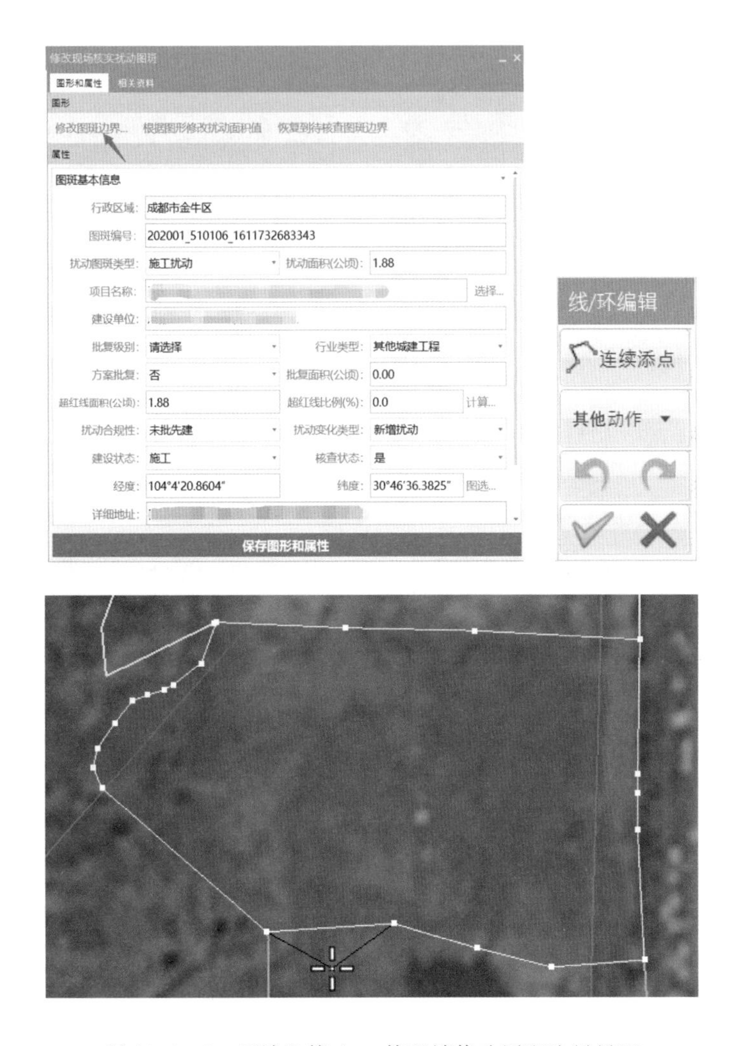


图 13.4－6　区域监管 App 管理端修改图斑边界界面

（3）根据图形修改扰动面积值：点击“根据图形修改扰动面积值”按钮，系统会自动计算修改后的扰动图斑面积，填写到扰动面积属性栏（图 13.4－7）。

（4）保存编辑结果：完成图斑属性和边界编辑后，点击“保存图形和属性”按钮，即可完成图斑的修订操作（图 13.4－8）。

3. 导出、删除或导入照片

在相关资料选项卡中，选中需导出的照片，点击“导出”，可将现场上传的照片文件下载到本地（图 13.4－9）。

当现场拍摄的照片不满足项目要求时，可在相关资料选项卡中，选中错误的照片，点击“删除”，即可完成照片删除（图 13.4－10）。

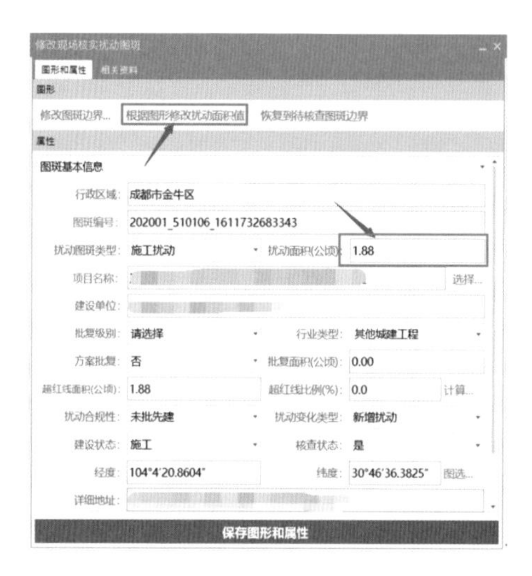


图 13.4－7　区域监管 App 管理端计算扰动面积界面

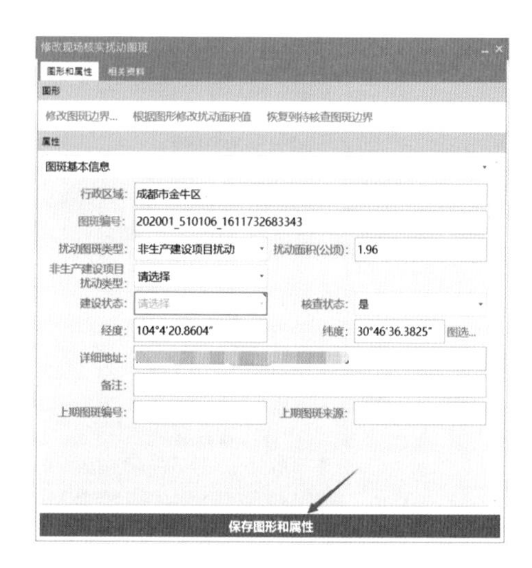


图 13.4－8　区域监管 App 管理端保存图形和属性界面

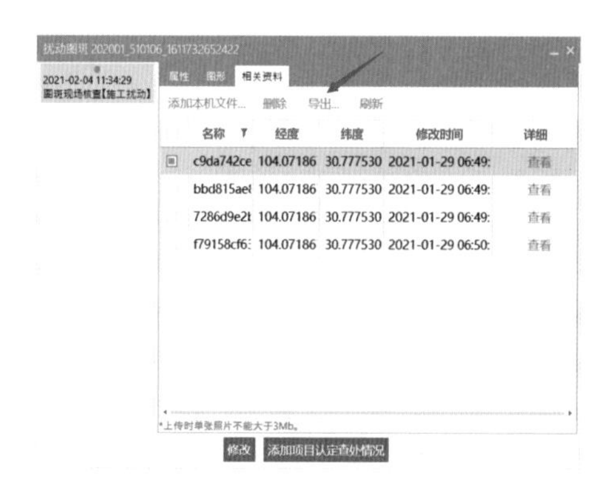


图 13.4－9　区域监管 App 管理端导出现场照片界面

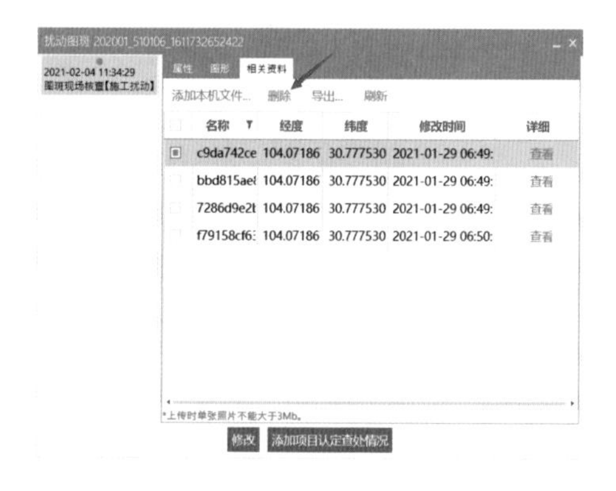


图 13.4－10　区域监管 App 管理端删除现场照片界面

当有现场补拍或其他更合适的照片资料时，点击“添加本地文件”，可从本地导入大小不超过 3Mb 的照片（图 13.4－11）。

图斑删除功能仅针对现场发现的新图斑，对于已下发的扰动图斑无法进行删除。选中需要删除的图斑，点击“删除”按钮，即可完成图斑删除（图 13.4－12）。

拆分图斑功能可将一个图斑拆分成多个图斑，拆分后新产生的图斑将继承拆分前图斑的属性信息（图 13.4－13）。

图斑拆分操作示意图如图 13.4－14 所示，新勾绘的图斑 B 和原有图斑的 A 相交后，将 A 拆分为 C 和 D 两个图斑。

图 13.4－11　区域监管 App 管理端添加现场照片界面

图 13.4－12　区域监管 App 管理端删除图斑界面

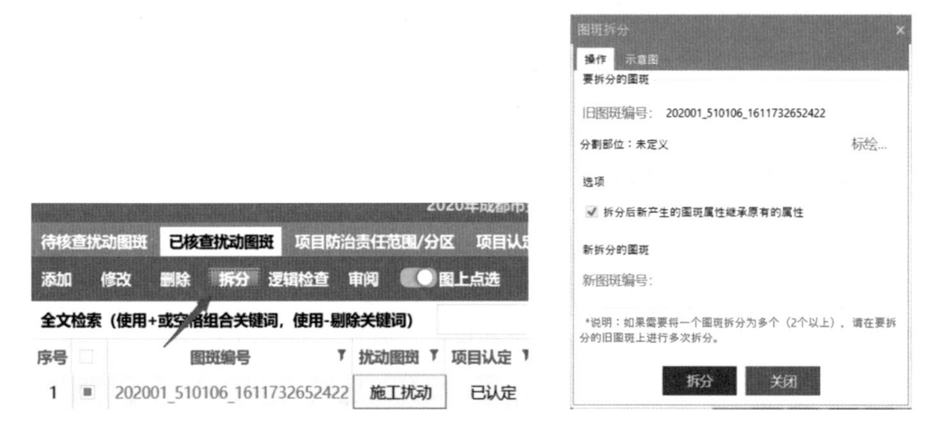


图 13.4－13　区域监管 App 管理端拆分图斑界面

逻辑检查功能可对所有图斑中的拓扑问题、项目扰动图斑无管理项目的数据进行检查（图 13.4－15）。

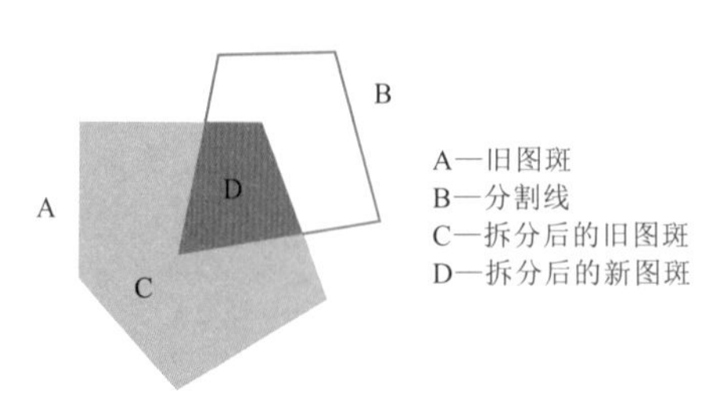


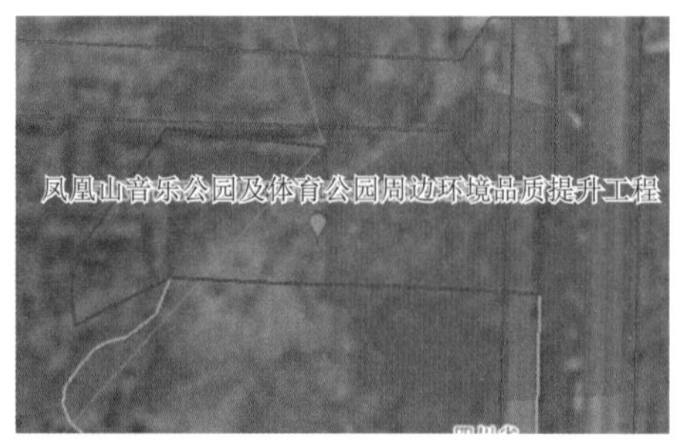


图 13.4－14　区域监管 App 管理端拆分图斑原理界面

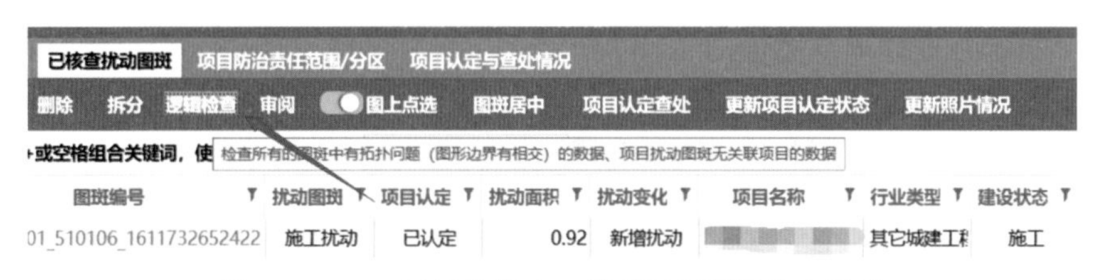


图 13.4－15　区域监管 App 管理图斑逻辑检查界面

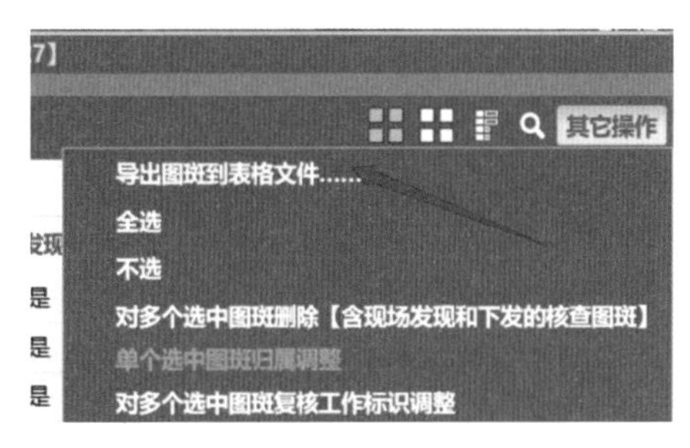


图 13.4－16　区域监管 App 管理端导出图斑表格文件

选中全部需检查的图斑，点击“逻辑检查”按钮，即可查看到逻辑检查的结果，根据检查结果可对图斑拓扑等信息进行修改。

选中全部需导出的图斑，点击“其他操作”下的“导出图斑到表格文件”按钮，即可将相关图斑的信息导出到 Excel 表格当中（图 13.4－16）。

## 13.5　认定查处

认定和查处在区域监管 App 及其管理端均可进行操作，下面分别介绍区域监管 App 和管理端开展认定查处的操作流程。

1. 区域监管 App 认定查处

点击工具栏右侧的“列表”按钮：选择“待认定”选项卡，会列出所有需认定的图斑，点击“认定查处”按钮，进入项目认定查处界面（图 13.5－1）。

（1）补充录入项目认定信息。可以补充输入项目认定的项目名称、批复级别、批复文号、所属行业、详细地址、建设单位、单位联系人和联系电话、建设状态等内容（图 13.5－2）。

（2）认定合规。根据项目情况，将项目认定为合规或不合规（图 13.5-3）。

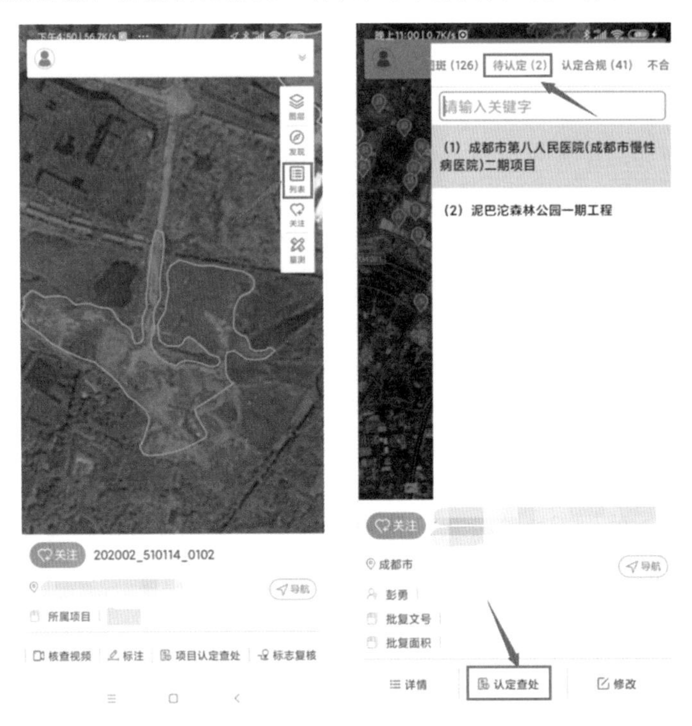


图 13.5-1 区域监管 App 项目认定列表

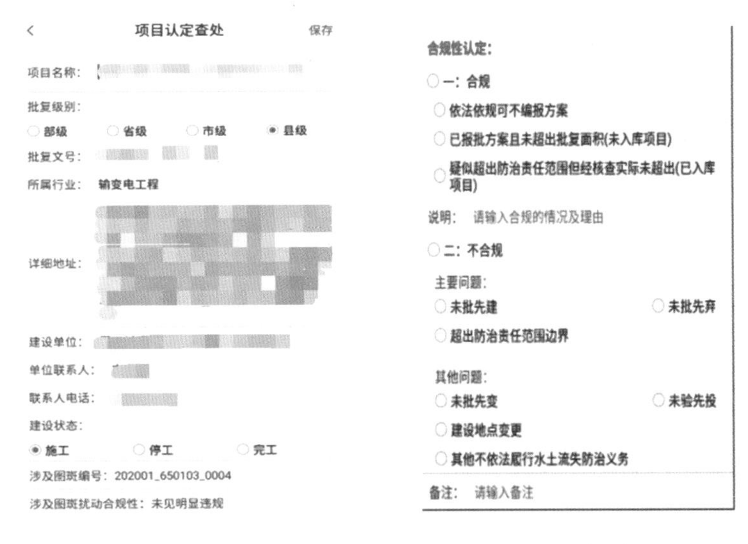


图 13.5-2 区域监管 App 项目认定查处界面

图 13.5-3 区域监管 App 项目合规性认定界面

认定为合规，可选择“依法依规可不编报方案”“已编报方案且未超出批复面积（未入库项目）”“疑似超出防治责任范围但经核查实际未超出”3 种合规类型。

合规类型 1：依法依规可不编报方案。根据《水利部关于进一步深化“放管服”改革全面加强水土保持监管的意见》（水保〔2019〕160 号），征占地面积在 $5hm^2$ 以上或者挖填土石方总量在 5 万 $m^3$ 以上的生产建设项目（以下简称项目）应当编制水土保持方案报告书，征占地面积在 $0.5hm^2$ 以上、$5hm^2$ 以下或者挖填土石方总量在 $1000m^3$ 以上、5 万 $m^3$ 以下的项目编制水土保持方案报告表。征占地面积不足 $0.5hm^2$ 且挖填土石方总量不足 $1000m^3$ 的项目，不再办理水土保持方案审批手续。符合条件无需编制水土保持方案的，地方水行政主管部门可出具书面说明作为佐证文件，最好同步上传现场证明照片或其他证明材料。

合规类型 2：已编报方案且未超出批复面积（未入库项目）。该情况一般为已编报了方案刚取得批复，尚未录入全国水土保持信息管理系统的项目，需上传项目的批复文件作为佐证材料，并及时将项目及批复信息填报全国水土保持信息管理系统。

合规类型 3：疑似超出防治责任范围但经核查实际未超出。该情况为在现场查证后，明确项目未超出防治责任范围，需上传现场航拍照片或实地核查拍摄照片作为佐证材料。

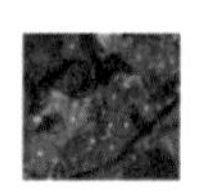


图 13.5－4　区域监管 App 项目认定界面

3 种合规认定都需上传佐证材料，点击认定结果后的“＋”，选择拍照或者调用相册文件，将佐证文件上传系统（图 13.5－4）。

（3）认定不合规。主要不合规类型包括“未批先建”“未批先弃”“超出防治责任范围边界”等，其他问题包括“未批先变”“未验先投”“建设地点变更”等。

不合规类型 1：未批先建。主要为项目未编制水土保持方案或已编制但尚未取得批复就开工建设。

不合规类型 2：未批先弃。主要为弃渣场项目未编制水土保持方案或已编制但尚未取得批复就随意弃渣的。

不合规类型 3：超出防治责任范围边界。主要为扰动范围明显超出项目防治责任范围。

（4）项目查处。凡是系统中认定为不合规的项目，均需进行查处。系统中的查处状态分为“下达整改意见”“整改完成”“立案、责改、行政处理、结案”3种状态。

下达整改意见：此阶段为水行政主管部门出具《责令改正水土保持违法行为决定书》，送达建设业主单位，业主单位签署送达回执，在系统中上传决定书和回执文件，并填写下达整改意见日期和限期整改完成日期。图13.5－5为区域监管App项目查处界面。

整改完成：建设单位整改完成后，上传整改报告，并填写整改完成日期，项目查处完成。图13.5－6为区域监管App项目整改界面。

查处：
下达整改意见
下达整改意见日期： 请选择下达整改意见日期
限期整改完成日期： 请选择限期整改完成日期
整改文件：
整改完成
立案
备注： 请输入备注

图13.5－5 区域监管App项目查处界面

整改完成
整改完成日期： 请选择整改完成日期
整改报告：

图13.5－6 区域监管App项目整改界面

立案、责改、行政处理、结案：当建设单位拒不整改或未按期完成整改时，按规定进入立案程序，上传相关的立案文件并填写立案日期，直至项目结案，上传结案材料，并填写结案日期，项目查处完成。图13.5－7为区域监管App项目立案界面。

各阶段可以在“备注”后文本框中输入文字，对项目情况进行备注或者描述。

2. 区域监管App管理端认定查处

区域监管App管理端也可进行项目认定和查处操作，相较于App更便于操作，相关佐证材料可上传扫描文件，相较于App更为清晰，因此推荐采用App管理端进行项目认定和查处。通过App认定和查处后上传的图斑，也会在列表中显示，认定状态已更新为已认定或已查处，无需再次认定和查处。

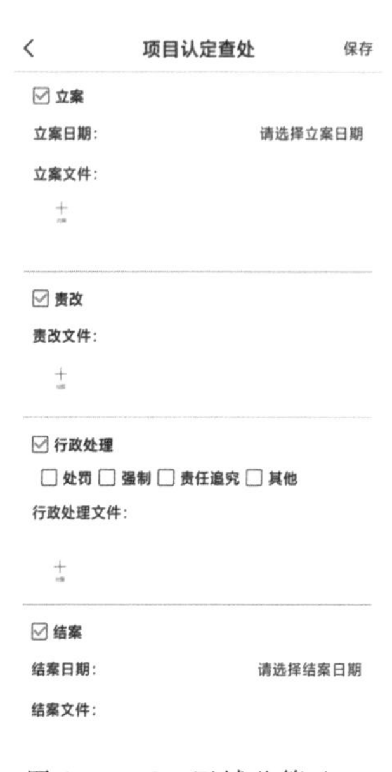


图 13.5-7 区域监管 App 项目立案界面

管理端登录后，点击“项目：认定与查处情况”选项卡，可以看到全部需认定和查处的图斑列表，双击某一条项目信息，可以进入项目认定查处界面（图 13.5-8）。

（1）补充录入项目认定信息。点击“修改”按钮，可补充输入项目认定的项目名称、批复级别、批复文号、所属行业、详细地址、建设单位、单位联系人和联系电话、建设状态等内容（图 13.5-9）。

（2）认定合规。根据项目情况，将项目认定为合规或不合规。认定为合规，可选择“依法依规可不编报方案”“已编报方案且未超出批复面积（未入库项目）”“疑似超出防治责任范围但经核查实际未超出“3 种合规类型（图 13.5-10）。

3 种合规认定都需要上传佐证材料，点击相关资料选项卡，选择添加本机文件（需注意单个文件大小不能超过 10Mb），将佐证文件上传系统（图 13.5-11）。

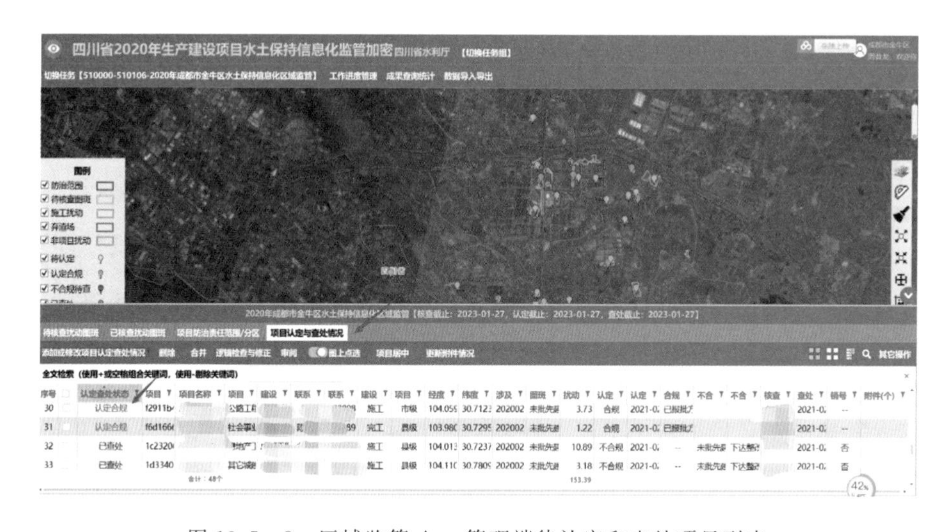


图 13.5-8 区域监管 App 管理端待认定和查处项目列表

（3）认定不合规。主要不合规类型包括“未批先建”“未批先弃”“超出防治责任范围边界”等（图 13.5-12），其他问题包括“未批先变”“未验先投”“建设地点变更”等。根据实际情况选择不合规类型。

（4）项目查处。凡是系统中认定为不合规的项目，均需进行查处。系统中的查处状态分为“下达整改意见”“整改完成”“立案、责改、行政处理、结案”3种状态，在系统中填写相关的查处状态，并在相关资料中上传佐证材料（图13.5-13）。

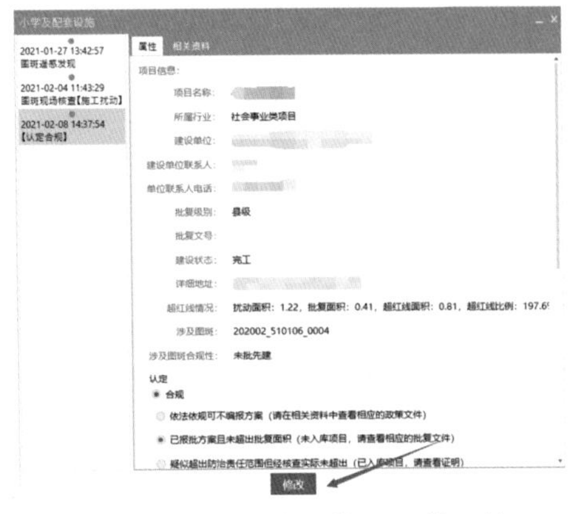


图 13.5-9　区域监管 App 管理端修改项目信息界面

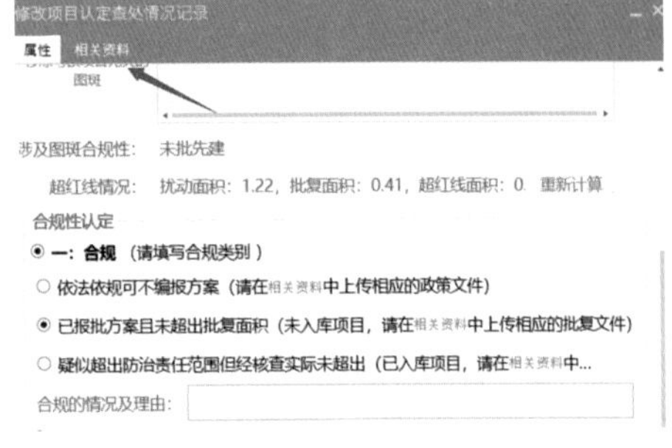


图 13.5-10　区域监管 App 管理合规性认定界面

图 13.5-11　区域监管 App 管理端佐证材料上传界面

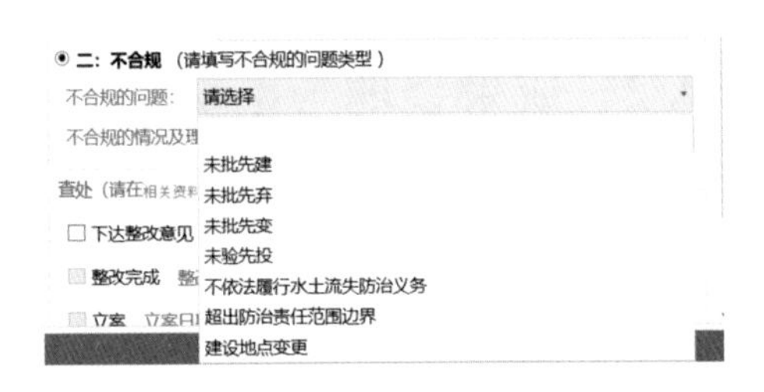


图 13.5-12　区域监管 App 管理端不合规状态认定界面

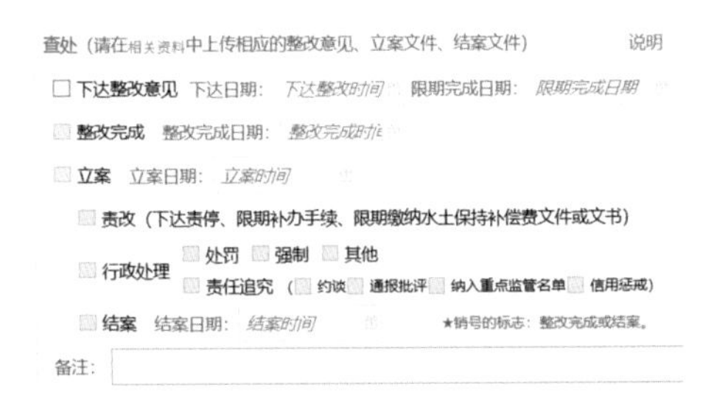


图 13.5-13　区域监管 App 管理端项目查处信息填写界面

各阶段可以在“备注”后文本框中输入文字，对项目情况进行备注或者描述。

# 第14章 项目总结与验收归档

编制项目总结报告，主要包括监管工作开展情况、成果分析、主要经验、存在的问题和建议等。邀请专家对项目数据进行全面审核和把关，并对项目成果评审验收。通过审核和验收后，按照规范目录对项目成果进行整理和汇交存档。

## 14.1 总结报告编制

前述技术工作完成后，项目承担单位应编写总结报告，内容包括生产建设项目监管工作开展情况、成果分析、主要经验存在的问题与建议等。

## 14.2 成果整理与汇交

主要技术工作完成后，对相关项目成果进行整理。整理内容包括项目执行过程中涉及的文档资料、遥感影像、生产建设项目扰动图斑数据、解译样本、外业复核数据（含照片）、复核结果和成果报告等资料。相关数据均按照规范进行整理，包括文件格式和命名方式规范化、坐标投影和属性表格的统一性、外业照片与扰动图斑的对应性等方面。通过整理形成本项目全套成果资料（纸质版、电子版）。预期成果具体包括：

（1）生产建设项目扰动图斑数据，主要包括遥感影像、扰动图斑矢量图文。

（2）疑似违法扰动图斑现场复核结果，包括现场照片、属性录入成果和相关统计信息。

（3）水土保持违法为违规项目清单。根据解译合规性分析结果，扰动图斑现场复核结果及各县（市、区）复核结果，制造违法违规项目清单。名单中应明确项目名称、具体地理位置、建设状态、建设单位等基本信息。

（4）生产建设项目扰动图斑解译标志库。按照招标文件及技术规定要求，建立生产建设项目扰动图斑解译标志库，每套解译标志库均需包含相应的影像截图、现场照片及相应的文字说明等。

（5）项目工作总结报告及其附件（附图、附表）。项目工作总结报告主要内容应包括工作开展情况、成果分析、存在问题及建议等。

(6) 部委相关文件及生产建设项目水土保持信息化监管技术规定中要求提交的数据。要求项目技术单位安排专业技术人员分组、分县规范化整理项目数据成果，并根据委托人需要的数量和要求，及时刊印提交。

# 附录　项目主要技术问题及处理

## 1　软件安装相关问题

（1）安装区域监管 App 管理端软件时，杀毒软件可能会将安装软件拦截（图 1），导致无法正常安装，对此应当如何处理？

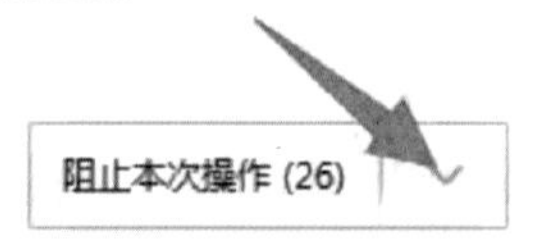


图 1　监管 App 管理端软件安装的杀毒软件拦截示意图

答：出现杀毒软件报错时，需用户手动点击“允许程序所有操作”完成安装，否则安装会出错，若仍无法正常安装，建议安装前先退出所有杀毒软件。

（2）区域监管 App 管理端软件安装完成后，再次打开发现无法正常启动，对此应当如何处理？

答：区域监管 App 软件容易被杀毒软件误杀，此时请查看杀毒软件的查杀记录（图 2），确认是否有查杀含有“dtgis”文件的记录。如果被杀毒软件查杀，打开杀毒软件恢复区，选中 dtgis 路径下的文件恢复并添加信任。

图 2　区域监管 App 管理端软件安装的杀毒软件误杀示意图

(3) 为什么返回桌面再次进入区域监管 App 管理端系统需要重新加载地图和图斑?

答：由于电脑设备型号不同，部分设备的 HOME 键可能会在退出过程中自动关闭后台进程。例如，华为 M5 型号平板，点击 HOME 键为退出，后台进程相应被关闭；长按 HOME 键返回桌面，再进入系统将不会出现重新加载地图资源情况。

(4) 区域监管 App 管理端系统登录后，长时间停留在 loading 页面是什么原因?

答：可能有两种原因，一是网络状态不好；二是系统使用时，用户需要提前配置，可能不存在该用户。

(5) 区域监管 App 管理端的数据备份如何操作，备份文件在哪能看到?

答：用户登录后，在个人中心页面可以看到数据备份按钮。点击数据备份后，系统自动进行本地数据备份，备份文件将保存在如下地址：内部存储\dtswcmAppBackUp\databack.zip。

(6) 在上传和下载数据时，区域监管 App 有时候会出现数据下载或上传不完整的情况，如何解决?

答：由于网络波动或服务器故障可能导致该情况发生，可通过多次操作进行尝试，若仍不成功，则需与系统管理员联系。

（7）点击区域监管 App 的导航出现“您还没有安装第三方导航应用”的提示，应如何处理？

答：出现此类问题是因为硬件设备上未安装第三方导航软件或者安装了 HD 版本的第三方导航软件，因此卸载 HD 版本并安装正常版本即可解决。

（8）打开区域监管 App 后，影像地图无法正常显示，只显示白色背景是何原因？

答：可能是由于未打开网络或当前无网络造成，影像地图需要网络支持才可显示，连接网络或更换一个可以接收网络信号的地方即可。

（9）区域监管 App 调用的数据库项目，其位置信息是否一定准确？

答：数据库项目各地方填报可能有误差，仅能作为本次复核的数据参考。

## 2　现场复核相关问题

（1）区域监管 App 无法定位用户当前位置应如何操作？

图 3　区域监管 App 设置位置信息界面示意图

答：可能因关闭了获取当前位置的权限所致，需要在手机或平板上进行设置：在“应用→区域监管 App→权限设置”里，打开位置信息（图 3）。在设备下拉菜单中，关闭位置信息后重新打开，以便重新获取最新定位信息。

（2）图斑标注保存后，图上未显示任何标注信息是何原因？

答：若标注信息仅在“查看”操作中可见，在地图界面上不能直接显示，则可点击图斑，选择“查看”按钮［图 4(a)］，选择“标注”按钮［图 4(b)］，即可查看到图斑的标注信息［图 4(c)］。

（3）现场复核时发现一个图斑对应多个项目应如何操作？

答：区域监管 App 内没有分割与合并图斑的功能。因此，在内业分割时将新产生一个或若干个图斑，从而导致新产生的图斑没有复核信息（主要是没有照片）。为此，可使用“发现”新图斑的功能，在需要分割的图斑上新添加一个或多个新图斑，添加完后即可复核，并进行拍照。在被分割的图斑上进行标记，内业操作时修正该图斑边界即可。

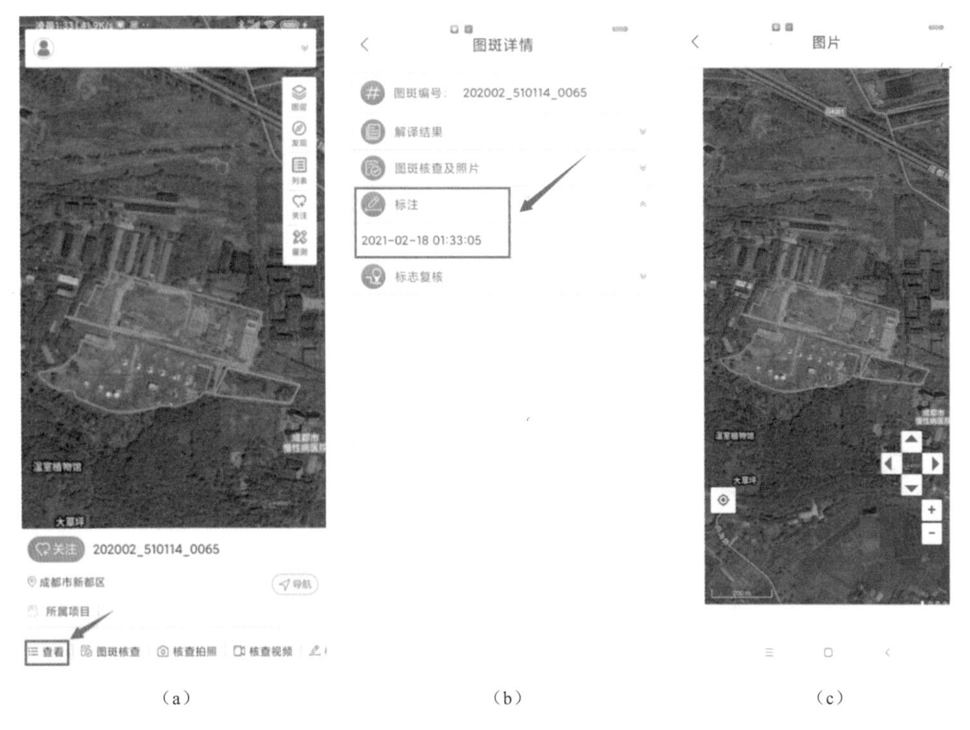


（a）　　（b）　　（c）

图 4　区域监管 App 图斑标注信息设置示意图

（4）现场复核时发现一个项目对应多个图斑应如何操作？

答：先对现场复核的图斑进行复核，后续相同项目的图斑直接选择前一个归属相同项目的图斑已录入信息即可。

（5）系统中无现场项目的信息，且现场也无法调查到项目信息，扰动合规性怎么填写？

答：如在已有项目中没有可供选择的项目，且无法现场调查获得该项目的具体信息，则可按无批复填写，后续在区域监管 App 管理端通过查找资料等方式进行修订或认定。

（6）对于现场无法认定合规性的项目，应如何处理？

答：可通过其他渠道或方式了解信息后，后续在内业操作时通过修改进行补充。

（7）如何区分新建图斑和已有图斑？

答：新建图斑可在区域监管 App 中得“列表→新发现图斑”中找到。

（8）区域监管 App 中，工作情况中得已开展或未开展图斑数量与日志中的已复核数量不对应，是何原因？

答：同一个任务中，图斑复核信息上传后，在数据下载界面更新数据，可同步同一个任务其他人已复核的图斑信息，而日志则只能展示当前登录用户的图斑复核数量，因此可能出现更新不同步而造成的数据差异。

(9) 由于遥感影像的局部偏差，导致施工扰动与防治责任范围不匹配，造成内业解译时判定为疑似超出防治责任范围，现场可否复核为合规?

答：以现场复核结果为准，现场确定项目未超出防治责任范围的，应认定为合规。

(10) 扶贫项目中的农民入股养猪场是否需编制水土保持方案?

答：符合规定要求的项目均需编制水土保持方案。

(11) 部分图斑无法到达其所在位置，该如何处理?

答：请地方水行政主管部门积极给予协调，若通过各种渠道均无法进入的，作为遗留图斑留做下一轮监管核实，在备注中说明原因。

(12) 扰动图斑为涉密项目，禁止进入和拍照，应如何处理?

答：暂时按非生产建设项目处理，选择“其他”子类，必要的可在备注中注明。

(13) 最新版地拓区域监管 App 取消了图斑合并功能，多个图斑属同一项目的应如何处理?

答：同一项目的多个图斑分别填写相同项目信息即可，平台后续将自动合并。

(14) 现场复核中，发现因影像时相与现场复核时间不一致，造成室内未发现的扰动图斑，是否需补充?

答：现场复核主要针对遥感影像解译图斑开展，可不补充，待后期监管复核。

(15) 疑似超出防治责任范围的项目如何开展现场核查?

答：利用区域监管 App 中的定位功能，首先根据现场调查情况，确定项目边界和超出部分归属，如有必要再修正图斑边界并计算超出面积和比例，最后认定其合规性。如果有的项目近期开展了项目监管，则可利用项目监管成果进行合规性认定；在一些具备条件的地方，也可将难以现场认定的项目纳入项目监管，利用无人机等手段进一步取证和认定。

(16) 若一个项目有多个厂区，并形成多个图斑，应如何进行现场复核?

答：需逐一到达不同厂区的各个图斑，结合防治责任范围，判断其合规性，同时将多个图斑关联到同一项目。

(17) 对于分多期建设而无明显分界线，且参考红线也无法判断的图斑如何处理?

答：现场复核时结合收集的防治责任范围资料，综合判读。工作内容包括核实图斑与各期红线间的对应关系及边界范围，修正红线边界及图斑边界，确保每个红线范围与对应图斑范围的一致性，最后分别判定其合规性。

# 3　认定和查处相关问题

（1）如图5所示，扰动图斑为以前的厂房，现厂房已倒闭，被其他项目租用作堆料场，该如何认定？

答：可认定为非生产建设项目扰动，选择“非项目废弃场地”子类，在后续监管中持续跟踪其扰动变化情况。

图5　老旧厂房被征用为堆弃料场的现场示意

（2）农民统规统建自建房、堆放建筑材料的大面积扰动，是否判定为违规？

答：临时占用土地和规模较小的农民自建房可视为非生产建设项目，分别选择“零星取（堆）土”和“农民建房”子类。

（3）对于前期未编制方案，且目前项目正在变更，或正在编制方案的项目，如何判定和处理？

答：可认定为未批先建，并备注正在补办水土保持相关手续。此类项目也应进行查处，待水土保持方案批复后，可在整改环节上传批复文件作为整改完成的支撑材料。

（4）对于因防治责任范围不准确而导致的合规性初判信息有误的图斑，如何处理？

答：根据现场复核所获取的资料，重新修改图斑对应信息，并重新判定其合规性，认定截止日期后不能再对认定结果进行修改。

（5）图斑为扰动状态，现场复核未能获取项目信息，认定为工业区预留用地的，应如何认定图斑项目类型？

答：可视为非生产建设项目，选择“政府预留用地”子类，在后续监管中持续跟踪项目状态变化。

（6）现场复核认定为正在施工的扰动图斑，但未发现项目公示牌且无法获取相关项目负责人等项目信息的，应如何处理？

答：可认定为非生产建设项目，合规性填报为“未批先建”，项目名称按“详细地址＋项目类型”命名，后续由地方水行政主管部门进一步调查认定。

（7）对于内业判定为“疑似超出防治责任范围”的图斑，如现场复核确认未超出防治责任范围的，应上传哪些佐证材料？

答：应说明情况及理由，提供项目未超出防治责任范围的佐证材料，如图斑边界错误及修正后未超出的截图证明、项目监管无人机航拍影像等。